湘南の楽園、熊澤酒造
四季折々の愉しみ

春

やわらかな日ざしを感じる日がふえ
春めいてくると、門の陽光桜をはじめ
敷地内の花々が次々に咲きだす。
そしてみずみずしい若葉がうるわしい季節へ。

中庭の木々にかけてある古い巣箱は、全部で4つ。野鳥が遊びにきたり、飛び立ったりするのが見られ、鳴き声とともに人々の目を楽しませる。4月中旬開催の酒蔵フェストの頃になると、酒蔵の壁にはう白いナニワイバラが満開に。

入り口から中庭へと続くミモザやクレマチス、セイヨウニンジンボク、イロハモミジなどが芽吹いてトンネルになり、やがて敷地全体が新緑で覆われ、大谷石や小舗石(しょうほせき)に草木の美しい影を映し出す。裏山にある保育園の園児たちがお散歩する姿も。

夏

夏が近づくと葉が厚みを増して緑が濃くなり、
強い日ざしを遮って心地よい木陰をつくる。
柏葉紫陽花やティーツリーの白い花が咲き、
梅や山桃の実が収穫時期を迎える。

緑と赤の2種類があるスモークツリーは、雨にぬれるとさらに幻想的な顔を見せる。梅雨が明け、夏真っ盛りになると、mokichi cafe 前のサルスベリの華やかなピンク色が庭を彩り、多くの来訪者が足を止める。

店内からも、きらめく夏景色を楽しめる。裏山に続く通路も、緑がまぶしいほど。創業時、この場所は洗米や蒸米を行う酒蔵の釜場で、当時の井戸からは今も水がこんこんと湧き出て、小さな池になっている。

秋

酒米の収穫が始まる実りの秋は、
敷地内でもザクロやカリンがたわわに実る。
日本酒づくりが始まり
オクトーバーフェストを終えたら、
葉っぱが赤や黄色に色づいていく。

中庭の木々が紅葉したあと、石畳の上は落ち葉のじゅうたんに。okeba gallery & shop入り口の鬱金桜(うこん)やフォレストパンシー、グリーンマーケットの上のナツヅタも色づいて。

春夏は青々としているシンボルツリーのメタセコイアが晩秋から初冬にかけてレンガ色に紅葉すると、中庭の表情が一変。並んで立つハナチルサトとのコントラストも楽しめる。

冬

木々の枝があらわになって空が広がり、
クリスマスやお正月を迎える頃、
各店舗があでやかな飾りで彩られる。
立春の朝しぼりを迎えると
庭は少しずつ色めいていく。

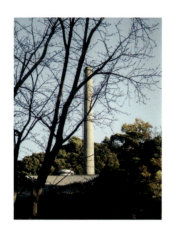

12月に入り、庭をすべて手がける庭師の船平茂生さんが各所にリースをかけると、たちまちクリスマスムードに。年を越したら、お正月飾りにかけかえ、また新しい一年が始まる。

日が低い冬は、壁や石畳などあちこちに長い影があらわれる。酒を醸す湯気がモクモクと白さを増し、甘い香りが鼻をくすぐる。年が明け、寒さがやわらぐと梅の花が咲き始め、3月頭には入り口のまばゆいミモザのアーチも見頃になる。

水田の広がる茅ヶ崎・香川という土地の記憶

　熊澤酒造は1872(明治5)年創業の造り酒屋で、湘南に唯一残された最後の蔵元です。蔵がある茅ヶ崎市香川周辺は、地下水源がとても豊富なゆるやかな丘陵地で、良質な中硬水の湧く地域です。近年、蔵の裏手に7世紀末から9世紀前半にかけての相模国の郡衙跡が発掘され、関東でも有数の集落があったことがわかってきました。そのさらに下からは、弥生時代の関東最大級の集落も発掘。二度にわたり相模の国の要所になるほど、豊かな水田に恵まれた場所だったのです。

　熊澤酒造のあるこの土地に、熊澤家が定住するようになったのは戦国時代末期でした。長篠の戦いで武田軍に従軍し、落ちのびた末にたどり着いたようです。熊澤家は私(熊澤茂吉)で13代目になります。江戸時代までは稲作を中心とする農家で、周辺には水田が広がり、50軒ほどの農家が点在する小さな集落でした。明治時代に入り、8代目が水田を生かして酒造業をおこします。

　明治時代の最盛期は神奈川県内には1070軒の酒蔵があったようなので、人々が歩いていける範囲に酒蔵がありました。

　祖母が嫁いできた1930年代は、瓶は高級品でまだそれほど普及していなくて、酒を買うときは自分の家の貧乏徳利を持っていき、汲んでもらうという量り売りスタイルが中心だったようです。夕刻、農作業が終わった近所の人が来て汲んでいるうちに、別の人が続々と来て、ちょっと飲んでいくかということになり、祖母がアテを出してちょっとした宴会が始まるのが常だったそうです。

　昔の航空写真を見ると、昭和30年代までまわりには水田しかなく、家の数も江戸初期からあまり変わっていないのかもしれません。
　そうしたなんとも牧歌的な暮らしが、僕の生まれる少し前まで続いていたことが、今では奇跡のように感じます。

上／1947(昭和22)年の茅ヶ崎市香川周辺の航空写真。
下／1925(大正14)年、自宅土蔵(現 mokichi cafe)前で従業員たち。

1993（平成5）年に入社後、当時社長だった伯父と写真を撮り、
社員募集のパンフレットを制作。そのとき、今の社是が決まった。

湘南に残された、最後の蔵元として

　大学生活が終わり、バブル絶頂期の日本に違和感を覚え、アメリカに留学しました。とはいえ、勉強が苦手な僕は勉強漬けの毎日に嫌気がさし、ジープを手に入れ、寝袋を積んで東海岸から西海岸へあてのない旅に出ます。
　自分はいったい何者なんだろう。何がしたいのだろう。アメリカ横断を続けるうち、ぼんやりと自分の好きな場所をつくってみたいと思うようになっていました。ときめくような場所に出会うと、決まって一人のオーナーが長い時間をかけて好き勝手やってでき上がったような場所でした。そのとき感じたときめきが、今の仕事のすべての土台となっているのかもしれないです。
　ロサンゼルスにたどり着いた頃、母から連絡が来ました。熊澤酒造を廃業するかもしれない。僕が継がないなら敷地を売り、借金を返済するというのです。そのとき日本酒販売で成功した社長さんに相談すると、「バブルがはじけた日本で、衰退産業の象徴のような造り酒屋なんて継がないほうがいいに決まってるよ」と言われました。期待どおりの答えだったのに、僕の血がたぎるのを感じました。自分のルーツをけなされたことで、蔵元の血が流れていると実感し、即刻帰国。親族会議で「僕にやらせてください」と宣言し、入社することになったのです。

　あれから、30年——。
　アメリカで感じた、だれかが好き勝手につくった心ときめく場所をつくってみたいという思いは、今も変わることはありません。長い時間をかけて変化をくり返しながら、そうなってしまったような場所が好きなのです。
　湘南に残された唯一の蔵元として何ができるのか。その答えにきっと正解はないでしょう。熊澤酒造の敷地も決まりごとはなく、朽ちていくものを受け入れながら、僕の好きなものと共鳴しながら、これからも自由に変化していくでしょう。
　ここを訪れたみなさんがそれを感じ、楽しんでくれたらうれしいなと思います。

6代目蔵元　熊澤茂吉

目次

春 …… 6
夏 …… 10
秋 …… 14
冬 …… 18

水田の広がる
茅ヶ崎・香川という土地の記憶 …… 22
湘南に残された、
最後の蔵元として …… 25

敷地MAP …… 29

31 一章
日本酒

日本酒づくり …… 32
酒米プロジェクト …… 38
朝しぼり …… 44
酒蔵フェスト …… 46
熟成酒粕工房・防空壕貯蔵庫 …… 50
蔵人チャレンジ …… 51
日本酒カタログ …… 52

55 二章
ビール

ビールづくり …… 56
サマーオレンジエールづくり …… 60
テラスで楽しむ湘南ビール …… 61
SHONAN BEER & LIVE …… 62
ウエディング …… 63
オクトーバーフェスト …… 64
ジンづくり …… 72
ウィスキーづくり …… 74
ビールカタログ …… 76
スピリッツカタログ …… 78

79 三章
蔵元料理 天青

蔵元料理 天青 …… 80
春の料理 …… 88
夏の料理 …… 90
秋の料理 …… 93
冬の料理 …… 94

97 四章
熊澤酒造を支える人たち

船平茂生さん
（plantas）…… 100

大久保忠浩さん
（古物商）…… 101

石井裕人さん
（アンティークショップメニュー）…… 102

山口太郎さん
（北欧家具talo）…… 102

大竹雅一さん
（マウンテンバイクショップオオタケ）…… 103

君嶋哲至さん
（横浜君嶋屋）…… 104

ジョン・ゴントナーさん
（日本酒伝道師）…… 105

湯川紀子さん
（ノスリ舎）…… 106

松澤 均さん
（松澤設備）…… 107

長谷川明義さん
（AKi工業）…… 107

城月直樹さん
（のうえんこえる）…… 108

葛西甲乙さん
（27 COFFEE ROASTERS）…… 109

原 大祐さん
（NPO法人西湘であそぶ会）…… 110

熊澤弘之さん
（リベンデル）…… 110

山居是文さん
（旧三福不動産）…… 111

関山隆一さん
（もあなキッズ自然楽校）…… 112

133 五章
MOKICHI TRATTORIA

MOKICHI TRATTORIA …… 114
春の料理 …… 122
夏の料理 …… 124
秋の料理 …… 127
冬の料理 …… 128

133 六章
mokichi cafe

mokichi cafe …… 134
蔵元直売所 地下室 …… 138
フード …… 140
スイーツ＆スープ・ドリンク …… 142

147 七章
mokichi baker & sweets + wurst

パンづくり …… 146
ヴルストづくり …… 149
スイーツづくり …… 150
mokichi baker & sweets …… 151
パン人気Best10 …… 152
ヴルスト人気Best5 …… 154
スイーツ人気Best5 …… 155

この書籍は、2021年11月から2024年7月まで撮影を行った熊澤酒造の記録です。レストランのメニューは随時変わるため、現在、提供していないメニューもあります。

157　八章
okeba gallery & shop

okeba gallery & shop …… 158
くまざわ市 …… 164
常設作家・アーティスト …… 166

171　九章
香川以外のレストラン、保育園

MOKICHI FOODS GARDEN …… 172
MOKICHI CRAFTBEER …… 176
MOKICHI KAMAKURA …… 178
ランチコース …… 184
ちがさき・もあな保育園 …… 186

mokichi green market …… 192
暮らしの教室 …… 193
熊澤通信 …… 194

熊澤酒造の歩み …… 196
全国「天青」特約店 …… 198

陶器の人形は、
現6代目蔵元・熊澤茂吉の祖父が焼いたもの。
「曙光」の樽を抱えているのは、
孫である高校生のときの茂吉。
寡黙で職人気質の祖父は、
とうの昔から蔵元のバトンを託していた。

敷地MAP

JR相模線・香川駅から歩いて7分ほど。
熊澤酒造の正門を越え、
ビール工場を過ぎると、入り口。
石畳をすすむと、中庭が見えてくる。

① ビール工場	長く精米所があった場所に、1996（平成8）年にビール工場を新設した。	⑥ ウィスキー熟成倉庫	ウィスキーの樽保管庫が2021（令和3）年に完成。日よけになる藤棚も新設。
② mokichi cafe／蔵元直売所 地下室	青森の古民家を紆余曲折の末8年を経て移築し、2015（平成27）年に開店。	⑦ 酒蔵	1918（大正7）年築の木造。関東大震災を乗り越え、今もここで酒を醸す。
③ mokichi baker & sweets + wurst	敷地内にあった熊澤家の土蔵を曳家し、建物を高くして再生した。	⑧ 蔵元料理 天青	1918年築の仕込み蔵を、2002（平成14）年にフルリノベーションして開店。
④ MOKICHI TRATTORIA	1624（元和10）年に建築された郷士屋敷を2014（平成26）年に移築再生。	⑨ okeba gallery & shop	元・木造の桶場が昭和初期に鉄骨造になり、2011（平成23）年に開店。
⑤ 熟成酒粕工房・防空壕貯蔵庫	防空壕の壁をレンガで補修。入り口には2023（令和5）年に工房を整備。	⑩ ちがさき・もあな保育園	敷地の裏山、プールのあった場所に建物をつくり、2018（平成30）年開業。

一章

日本酒

熊澤酒造の根幹を成す日本酒づくりから説明。近年、力を注ぐ酒米プロジェクト、生原酒を届ける朝しぼり、熊澤三大フェスのひとつ、酒蔵フェストの様子なども。最後に、酒蔵が現在醸す日本酒を1本ずつ紹介する。

熊澤酒造株式會社

→ HOW TO MAKE / SAKE

日本酒づくり

九月〜翌四月

どの工程にも人の手が入り、こまかな心配りを重ねてつくる日本酒。蔵人が昼夜連動し、年間でタンク50〜60本の清酒を仕込む。

飽きずにおいしく飲める
湘南らしい味わいの酒をめざして

　酒造りが行われるのは、気温が低く、空気が乾燥して雑菌の活動が抑制される晩秋から早春。9月末になると敷地内に湯気がモクモクと上がり、米を蒸す甘い香りが漂うのが風物詩になっている。
　2001年に発売した代表銘柄「天青（てんせい）」は爽やかさとキレがあり、食事をしながら飽きずにおいしく飲める食中酒をめざしてつくったお酒。以前は季節雇用の杜氏が酒造りをしていたが、1996年に入社した五十嵐哲朗が杜氏となり、5年間、試行錯誤して形にした。
　現在、酒蔵部は杜氏1名、蔵人が6名。各工程に担当がおり、コミュニケーションをとりながら酒造りを行う。「どの工程も力を注ぎますが、いちばん神経を使うのは味わいを左右する麹づくり。2020年から自社米も使い始め、酒造りの喜びが増しました」（清酒醸造責任者・藤代尚太）

一、洗米（せんまい）

二、浸漬（しんせき）

一／精米を終えた米を洗い、雑味の原因になる表面のぬかをとり除く。一日に洗う量は平均650kg。「酒米は食用米より多く表面を削るため割れやすいので、泡でやさしく洗います」 二／米を水に浸し、品種や精米歩合によって設定した吸水率をめざして、目視で確認しながら秒単位で吸水させる。 三／甑（こしき）（大型の蒸籠（せいろ））で蒸す。米どうしがほぐれやすい「外硬内軟（がいこうないなん）」（米の外側がかたく、内側がやわらかい）の仕上がりをめざす。蒸し上がったら広げて、適切な温度まで下げる。

三、蒸米（むしまい）

四、製麹(せいきく)

五、酒母造り(しゅぼづくり)

四／蒸米に種麹を振り、麹室へ。麹室は二室あり、湿度が高い部屋でよくもみ、麹菌を発芽させる。翌日、米をほぐす「切り返し」を行い、乾燥した別の部屋に移動。「表面を乾かして、水分を求める麹菌を米の中心にくい込ませることで、すっきりとした味になります」(藤代)　五／小さいタンクに仕込み水、麹、蒸米、酵母、乳酸を加え、麹の力で米を糖化させながら酵母を培養し、13日間かけて酒母をつくる。

日本酒づくり

六、醪造り

六／酒母を大きなタンクに移し、4日間、「添え」「仲」「留」の3回に分けて麹、仕込み水、蒸米を入れ、櫂棒で混ぜる（三段仕込み）。回数を分けることで、酵母の増殖を促すとともに雑菌による汚染を抑える。二日にタンク1本仕込む「半仕舞」で、年間50〜60本分仕込む。　七／仕込み翌日は米粒が見える状態（左）。蒸米が水分を吸って軟化。麹の酵素ででんぷんを分解して糖分になり、酵母が糖分を食べてアルコール発酵する（右）。

七、発酵

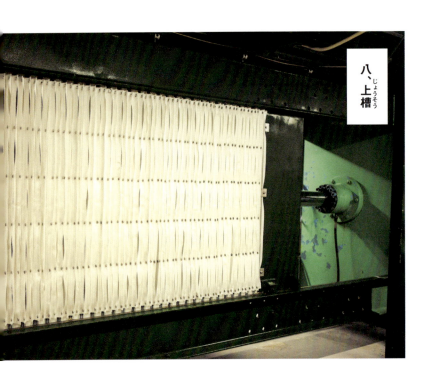

八、上槽(じょうそう)

八・上／醪を搾り、液体の酒と固体の酒粕に分ける。酒の搾り方はいろいろあるが、熊澤酒造は「ヤブタ」と呼ばれる薮田式ろ過圧搾機を使用している。100枚並ぶプレートの隙間に醪を流し込み、空気圧をかけて搾る。横向きに搾ることで、最初から最後まで酒質が均一になる。タンク1本搾るのに、半日ほどかかる。　下／板粕を手作業ではがす。冬場の室温は約5度なので、防寒は必須。

九、瓶詰め

九／上槽した酒を1週間以内に濾過し、こまかい滓(米のかけらや酵母など)をとり除いてから瓶詰めを行う。生酒以外はプレートヒーターで65度まで加熱(火入れ)してから詰め、急冷する。火入れは酵母や酵素の働きを止め、色や香り、味を安定させるために行う。　十／瓶詰めを終えたら、出荷までは冷蔵貯蔵庫で保管。数カ月ねかせることで、調和のとれた味わいになる。

十、出荷

PROJECT

酒米プロジェクト
〈一年じゅう〉

2020年、「自分たちの手で酒米を育てよう」と始まった「熊澤酒造酒米プロジェクト」。手間やコストをかけてでも田んぼを残し、地域の食文化を守りたいと考えている。

2030年までに地元の米で すべての酒を造るのが目標

　弥生時代から米づくりが盛んだった茅ヶ崎北部〜寒川エリア。60年ほど前までは熊澤酒造の裏にも田んぼがあり、酒造りに使う米は自ら育てていたという。戦後の農地解放や農業政策から維持が困難になり、手放すことになったが、2012年に地元産のうるち米でどぶろくをつくったのを機に「水田があって、酒造りがある」という原点に目を向け始める。

　「生産者の高齢化に加えて、売買価格が安く、米づくりが次世代につながらない仕組みによって、いつか米が買えなくなるときが来るかもしれません。環境を元に戻すことができるのは酒蔵しかない。今、やらなくてはと思いました」(杜氏・五十嵐哲朗)

　目標は2030年までに地元の米ですべての酒を造ること。地域の田んぼを守りつつ、日々、奮闘中だ。

苗づくり 〈二月〜四月〉

発起人でもある杜氏の五十嵐哲朗と、大磯で無農薬野菜をつくる渡邉幹さんがリーダーとなり、酒蔵部に農業部を発足。2年目からは、自分たちの手で廃墟から使える状態にまでととのえた大きなビニールハウスで、苗づくりを行っている。

左上／種もみは7日ほど水につけ、少し発芽させた状態に。　**右上**／種まき機に水をかけた育苗箱をセットしてハンドルを回すと、種まきと土をかぶせる作業が同時にできる。まずは酒米、五百万石から育て始めた。

種まきをする前に、育苗箱に土を入れてたっぷり水をかける。種をまいたあとは朝夕、様子を見て水をやり、温度に気を配りながらビニールハウスで20日ほど育てる。

茅ヶ崎の赤羽根地区は5月頭、芹沢地区は5月末、寒川町は6月から。時期と土地に合わせて苗を準備。

酒米は食用米にくらべて大きく育つため、間隔を30cmと広くとる。分けつ（根元から複数の茎が出ること）してもしっかり根を張れるので丈夫に育ち、粒が大きくなって、酒造りに適した米に。

田植え 〈五月〜六月〉

初夏を迎えると、3週間にわたる田植えがスタート。社内に呼びかけ、20〜30人が田んぼに集結する。個々の田んぼによって水が流れる時期や水はけのよさなど条件が異なるので、まわりの農家のかたがたの指導も受けながら、それぞれに合う品種を植えていく。

1反から始まった田んぼは年々広がり、2024年は4町歩に。めざすは30町歩（300反）。「初めは手植えで、2022年に自動田植え機・さなえを導入。稲の間隔の幅を自在に変えることができます」

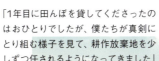

「1年目に田んぼを貸してくださったのはおひとりでしたが、僕たちが真剣にとり組む様子を見て、耕作放棄地を少しずつ任されるようになってきました」

稲刈り 〈九月〜十一月〉

秋になり、黄金色の稲穂が垂れ下がったら稲刈り。天候や害虫の影響だけでなく、不慣れゆえに稲刈り機がぬかるみにはまったり、茎が詰まって故障したりというトラブルもありながら、2023年の収穫量は協力農家も合わせて33トンに。

地域に合う品種を見つけるため、2022年は五百万石と山田錦、雄町、2023年には加えて春陽にも挑戦。2024年は品種を絞り、五百万石と山田錦に。「米と酒を同じ水でつくることで、酒造りの価値も高まると思います」（五十嵐）

3年目の2022年に、コンバインを導入。「米置き場や精米工場もできて、規模が大きくなってきましたが、年々ますます、米づくりが酒造りに、酒造りが米づくりに反映できていると感じています」(五十嵐)

EVENT

朝しぼり
〈十二月〜翌三月〉

「できたてならではの味わいを届けたい」と
2010年から始まった、朝しぼり。
新酒ができる時期に4日間だけ行われる。

**ふだんは蔵人しか飲めない
搾りたてのフレッシュな酒が味わえる**

　夜中の3時。暗く、冷え冷えとした蔵で、搾りたての酒が静かに生まれ、口に含むと、はじけるようなフレッシュな味わいとすがすがしい香りが広がる。

　秋に収穫された新米を使った、12〜3月の間しか飲めない冬酒「しぼりたて」は、火入れをせず、瓶に詰めたらそのまま出荷されるが、通常は店頭に並ぶまでに数日を要する。熊澤酒造の「朝しぼり」は、夜中まで発酵させて朝一番に搾り、その日のうちにお客さまのもとへ届ける、まさしく"搾りたて"。発泡感が残る、無濾過の生原酒。寒空の下、大勢のスタッフが協力して梱包作業にあたり、数時間で出荷される。「湘南に住むかたたちが、『そろそろだね』とソワソワして、当日楽しみに駆けつけてくださるようになったらいいなと思います」（社長・熊澤茂吉）

右上／朝6時から瓶詰め。　左上／レストランスタッフも総出で梱包作業。新聞紙で包み、上からラベルを貼っていく。　下／一日で四合瓶と一升瓶合わせて約1800本を出荷。8時になると、神奈川や東京の特約店十数軒が直接とりに来る。

「天青」の特約店の一軒、地元・茅ヶ崎のつちや商店にも、発売日の午前中に四合瓶や一升瓶が並ぶ。「朝しぼりは予約もとっていて、毎年、楽しみに待っていてくださるお客さまも多いです」と店主の土屋哲雄さん。

EVENT

酒蔵フェスト
〈四月〉

毎年春に行われる酒、食、音を楽しむ
日本酒のお祭り、通称"蔵フェス"は、
熊澤酒造の三大イベントのひとつ。
緑あふれる敷地内は2日間、盛大に沸く。

その年の仕込みの終わりを
たくさんの人たちと祝うお祭り

　4月に開催される蔵フェスは、社是「よっぱらいは日本を豊かにする」を体現するような、酒を、食を、音を楽しむお祭り。各レストランや屋台がさまざまな日本酒とともに、日本酒に合う料理を提供する。

　9月末から始まった酒造りが一段落する4月中旬、酒蔵ではその年最後の米の蒸しを終え、「甑倒し」を行う。甑とは米を蒸す大きな蒸籠のような道具で、醪の仕込みが終わって甑を大釜からはずし、横に倒して洗うことからそう呼ばれている。その後は発酵管理と搾り作業になるため、蔵人にとって蔵フェスは、お祝いの儀式でもあるのだ。

　当日はチケット（前売制）と引きかえに受けとるオリジナルグラスに、蔵人自らが注ぐ酒を飲み、料理を味わい、音に身をゆだねて大いに楽しみたい。

定番酒やスパークリング清酒のほか、希少な日本酒やクラフトジン、どぶろく、ビールも並ぶ。

「チチン、ドンドン」という音が聞こえ、太鼓やアルトサックス、アコーディオンなどのメロディ楽器を演奏しながら「ちんどんおてんきや」が登場。大人も子どもも大喜び。

敷地全体で行われるため、中庭や各レストランなど好きな場所で飲食可能。2023年、「蔵元料理 天青」では三崎まぐろの黒米握り寿司やおでんを販売。初披露される蔵人チャレンジ（p.51）の新酒も飲むことができる。

酒蔵フェスト

吉野桜や鬱金桜が見頃を迎え、木々がいっせいに芽吹きだす時期。
4年ぶりの開催となる2023年は、待ち望んでいたお客さまで満席に。

PROJECT

熟成酒粕工房・
防空壕貯蔵庫
〈一年じゅう〉

防空壕の入り口に、酒粕を活用するための
工房が誕生。酒の貯蔵庫も生まれ変わった。

貴重な副産物・酒粕を生かした商品を
本格的につくろう、と工房を立ち上げる

　栄養価が高く、貴重な食品として人気のあった酒粕だが、近年は需要が減少。「酒蔵の貴重な副産物を大切に使おう」と、搾ってすぐの酒粕やねかせた酒粕「熟成粕」を販売したり、各レストランで酒粕を活用したメニューを考案したりして好評を得ていたが、そのメニューをテイクアウトできるよう、商品化を本格稼働するため、2023年7月、熟成酒粕工房が誕生した。本わさびと酒粕を合わせたわさび漬けやクリームチーズの吟醸粕漬け、きゅうりの熟成粕漬けなど、酒蔵ならではの商品が注目を集めている。
　「酒粕の廃棄をできる限りなくしたい！という気持ちが強いので、今後は漬け物だけでなく、酒粕、熟成粕を生かしたスイーツの開発に、もっと力を入れたいと考えています」（責任者・吉野 充）
　熟成酒粕工房と並行し、日本酒の熟成やビールの樽熟成に利用している防空壕内もスタッフたちの手でレンガ張りに。いずれは公開も予定している。

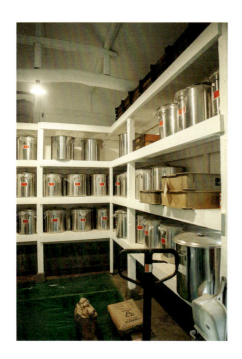

酒粕はステンレス樽に保存。10年かけて育った熟成粕は八丁味噌のように黒く、チョコレートのような芳醇な香りを放つ。酒粕と熟成粕を使った商品は、敷地内のmokichi baker & sweetsや蔵元直売所 地下室でも販売。

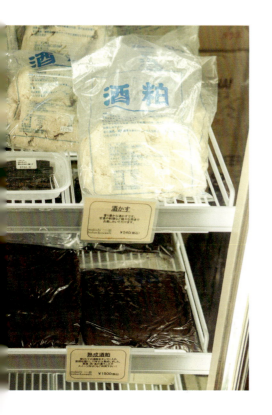

PROJECT

蔵人チャレンジ
〈年に一度〉

**若い蔵人のあくなき挑戦によって
生み出される、かつてない新しい酒。**

　2017年、若手の蔵人が造りたい酒をプレゼンし、年1回の社内コンペで勝ち抜くと、小さなタンク1本分（総米120㎏）を責任醸造するチャンスが与えられる「蔵人チャレンジ」がスタートした。
　きっかけは2017年発売の「湘南スパークリング」。2000年に清酒醸造責任者である藤代が提案し、試験醸造を経て商品化され、現在は人気商品に。
　「若い蔵人ならではの新たな発想を生かして、自分の責任でタンク1本分の日本酒を仕込むというチャレンジは、とてもいい機会だと思います」（藤代）

左／蔵人・丸田有仁が仕込み、ホワイトオーク樽で熟成させた「河童の貴醸酒」。　**右**／蔵人・辻野美空による地元産米を玄米のまま生かした「天青河童の発芽玄米 全麹仕込み」。

日本酒カタログ

→ CATALOG / SAKE

Series:
天青

Type:
限定流通品

初めての社員杜氏、五十嵐哲朗が入社した1996年から5年の歳月をかけ発売した代表銘柄。「天青(てんせい)」の命名と書は陳舜臣(作家)による。

風露天青・特別本醸造
天青のスタンダード。味わいと香りのバランスがよく、すっきりとした口あたりで、幅広い温度帯で楽しめる食中酒。

吟望天青・特別純米
米の旨みを存分に引き出し、しっかりとした味わい深さと五百万石らしいキレのある辛口。特に魚料理に合う。

千峰天青・純米吟醸
穏やかな吟醸香や、山田錦の奥行きのある味わいと上質な甘みが感じられる爽やかな酒質なので、幅広い料理に合う。

雨過天青・純米大吟醸
天青の最高峰。特A地区の山田錦を贅沢に40%まで磨き、長期低温でじっくりとていねいに醸したお酒。

千峰天青 熊本九号 酵母仕込み
熊本九号のきれいな吟醸香と山田錦の甘みが、余韻を残しながらもすっきりとした味わい。

吟望天青 防空壕貯蔵
自然界の乳酸菌を用いた山廃仕込み。敷地内の防空壕で1年熟成されてさらに味わい深く、コクと旨みを感じる。

千峰天青 夏 純米吟醸
山田錦を50%まで磨き、14度とアルコール度数低めながらも香りと旨みを軽やかに感じる、夏にぴったりの爽やかさ。

吟望天青 秋 おりがらみ
常温熟成されて、濃醇で落ち着きのある味わいに。ぬる燗にすると、もろみの香りや甘みが立ってくる。8月から発売。

> 「天青」とは、中国の故事にある「雨過天青雲破処」(雨上がりの空の青さ。雲が破れるように晴れ始めたその青さ)という言葉からとったもの。

Type: 限定流通品
一般の流通を通らない、限定された酒販「特約店」のみでとり扱われるお酒。

Type: 一般流通品
一般の流通を通って、デパートや大手量販店などでもとり扱われるお酒。

Series:
朝しぼり

Type:
限定流通品

もろみを搾ったばかりのまだ発泡感が残る、フレッシュな無濾過の生原酒。

12月 解禁朝しぼり
12月限定生産。搾りたてを詰めた純米無濾過の17度生原酒。ピチピチのガス感と原酒本来の力強い味わいを楽しめる。

2月 春の朝しぼり
2月限定生産。米づくりからこだわった湘南産五百万石を全量使用した純米無濾過の17度生原酒。ガス感と力強さを。

3月 純吟朝しぼり
3月限定生産は山田錦を50%精米した、純米吟醸無濾過の16度生原酒。ピチピチのガス感と上品な吟醸香を楽しんで。

Series:
純米吟醸 米違い

Type:
限定流通品

「天青」で通常使う酒米の山田錦と五百万石ではなく、酒未来、愛山、雄町3種類の米で仕込む2010年に生まれた天青米違いシリーズ。

天青 酒未来（生）
十四代の蔵元が開発した酒米「酒未来」を100%使用。搾って24時間以内に瓶詰めを行う。

天青 愛山 火入れ原酒
愛山のきれいな旨みをバランスよく仕上げ、シャープな飲み口を生かし原酒のまま詰めた。

天青 愛山 活性酒
瓶内発酵させて火入れを行い、活性にごりならではのクリーミーかつ発泡感が味わえる。

天青 雄町
雄町で天青の爽快な味わいを表現。酵母の華やかな香りと雄町特有の旨みがバランスよい。

天青 雄町 白麹仕込み
クエン酸を生成する白麹と野性味あふれる雄町を融合。酸味とコクの甘酸っぱいタイプ。

> 「天青」は理想の青磁の色を表現した「雨過天青雲破処」のように、突き抜ける涼やかさと潤いに満ちた味わいをめざしている。

Series:
熊澤／湘南／鎌倉栞

Type:
一般流通品

社名から「熊澤」、地域名から「湘南」「鎌倉栞」の3銘柄。

熊澤
米の旨みと果実のような吟醸香を存分に引き出した、高級感のある味わいが魅力。吟醸、純米、純米吟醸（以上紙箱）、純米大吟醸（桐箱）がある。

湘南
湘南の青空や爽やかな潮風をイメージした、爽快感のある辛口の味わい。吟醸、純米吟醸、純米大吟醸、しぼりたて生原酒の4種類がある。

鎌倉栞
古都・鎌倉の木々の緑をイメージした、穏やかで透明感のある洗練された味わいが特徴。吟醸、純米吟醸の2種類がある。

Series:
天青河童

Type:
限定流通品

地域の河童徳利伝説に由来して、湘南の米と敷地内の酵母で仕込み2012年から発売。

天青河童のどぶろく
湘南産の五百万石（90％精米）と敷地内で採取した自社酵母を使用。古くからのどぶろくを再現した、かんで味わう甘酸っぱい食べるお酒。

天青河童の純米吟醸
湘南産の五百万石、敷地内の自社酵母や井戸水を使用したオール湘南産のお酒で、しっかりとした味わいとキレのある酸で、飲み飽きない。

天青河童の貴醸酒
原料である仕込み水の一部に日本酒を使用した贅沢なお酒。それをホワイトオーク樽で3年間熟成させ、複雑な味わいに仕上げた。

Series:
湘南スパークリング

Type:
限定流通品

アルコール度10％前後で炭酸ガスを含む日本酒初心者向き。

湘南スパークリング
低アルコールで炭酸を含む、スパーリング純米酒。甘ずっぱくジューシーで、心地よい炭酸がのど越しを爽やかにしてくれる。よく冷やして。

蔵元自家製梅酒入り
敷地内の梅を使用し、添加物なしでつくった梅酒をブレンド。梅の爽やかな香りと梅酒の酸味、湘南スパークリングの甘みが絶妙な一品。

片浦レモン果汁入り
小田原・片浦地区でとれたレモン果汁が加わり、爽快な酸味とレモンの華やかな香りが広がる。グラスに注ぐとあらわれる泡と香りを楽しんで。

二章 ビール

神奈川県初のクラフトビール、湘南ビールづくりを説明。テラスビールやウエディング、熊澤酒造最大のイベントオクトーバーフェストを8ページにわたりくわしく紹介。続いてジンづくり、ウィスキーづくり、ビール＆スピリッツカタログを。

湘南ビール

→ HOW TO MAKE / BEER

ビールづくり・一年じゅう

クラフツマンシップとオリジナリティあふれる「湘南ビール」。4名のブリュワーが新たな材料や製法をとり入れ、チャレンジを続ける。

個性がありながら何杯でも飲める、飲み飽きないビールをつくりたい

　1994年にビールの製造規制の緩和で地ビール製造が解禁されたこともあり、「酒造りが落ち着く夏にビールをつくろう」と1996年9月に誕生した「湘南ビール」。
　熊澤社長が湘南の蔵元らしい味を追い求めてドイツに渡り、茅ヶ崎北部と印象の似ている本場・ミュンヘンで出会ったヘレス、アルト、ヴァイツェンボックという3種類でスタートした。
　「現在は年間約40種類を製造しますが、個性がありながら何杯でも飲めるバランスを頭におき、ドリンカビリティが高い＝飲み飽きないビールをつくっています。2013年に始めた地元産の果物やハーブを使うローカルプロダクトシリーズは、収穫し、洗って皮をむき、果汁を搾って熱処理と、手間はかかりますが、その分、フレッシュな味わいになり、思い入れも強いです」（ビール醸造責任者・筒井貴史）

一、麦芽(ばくが)

二、粉砕(ふんさい)

一／麦芽（モルト）は主に品質が安定していて種類が多い、ドイツ・バンベルク製を使用。ビールの種類によって、淡色ビールに用いるピルスナーモルト（左）や高温で焙煎してビールに甘みや苦みを与えるローストモルト（右）などを使い分ける。　二／エキスを抽出するために麦芽を粉砕。「殻はあとで濾過する際にフィルター代わりになるのでつぶしすぎないようにします」（筒井）　三／麦芽と湯を機械で2～3時間混ぜ合わせ、おかゆ状にする。少しずつ温度を上げていくと、でんぷんが糖に変化する。

三、糖化(とうか)

四、濾過(ろか)

四／濾過装置で液体と固体に分離。「麦汁に不純物がないか確認。飲むと甘くておいしいです」(筒井)　五／ホップを加えて90分間煮込み、殺菌や酵素の失活を行い、混濁の原因になるたんぱく質を凝固させる。IPAなどは香りを残すため、後半に大量のホップを追加する。　六／96度の麦汁を10〜20度に冷却して発酵タンクへ。アルトなどのエールは主発酵3日、熟成・貯蔵は約1カ月。ピルスナーなどのラガーは雑味をとり除くため、主発酵1週間、熟成・貯蔵は1カ月半〜2カ月と長くなる。

五、煮沸(しゃふつ)

六、発酵(はっこう)・貯蔵(ちょぞう)

ビールづくり

七、樽詰め

七／樽のなかを洗浄し、充塡する。「高性能な機械なので、1時間で15ℓの樽30本ほどを詰めることができます」(筒井)。直営店だけでなく、全国のビアバーなどに出荷する。
八／瓶に光を当て、異物混入がないかを確認(左)。2016年からダブルバキューム製法(瓶のなかの酸素を2回吸い、真空状態にしてビールを充塡する方法)になり、賞味期限が2カ月から4カ月に。詰めるときにビールがあふれるので瓶を洗浄する(右)。

八、瓶詰め

LOCAL PRODUCT

サマーオレンジ
エールづくり
〈六月〜七月〉

すっきりとした飲み口のゴールデンエールと小田原市の片浦地区で栽培されたニューサマーオレンジを合わせたフルーツエール。毎年、約400kgの実を使い、4000ℓ分を仕込む。

水洗いのあと、苦みのあるわたが残らないように皮をむいたら、果汁を搾る。皮は香りづけに使うために粉砕する。各工程は機械も使いながら手作業で行う。

EVENT

テラスで楽しむ
湘南ビール
〈五月〜九月〉

大きく枝を広げたメタセコイアの木の下で、
青空や緑を眺めながら、ビールで乾杯！
ひそかに人気を集めている、不定期のビアガーデン。

**開放感あふれるテラスで
ブリュワーが注ぐビールを飲む**

　中庭のテラスは、食事を味わうだけでなく、レストラン利用後におしゃべりをしたり、ひとりで本を読んだりと、訪れた人たちが思い思いに過ごせる自由なスペース。春から秋は木々が青々と茂り、季節ごとに咲く色とりどりの花が見られる。
「この場所をもっと楽しんでほしい」とmokichi cafe主催で企画されたのが「テラスで楽しむ湘南ビール」。2022年に始まり、年に5〜6回、週末に不定期で開催されている。ブリュワー自らが注ぐ湘南ビールを求めて多くの人々が訪れ、イベント限定のパンや軽食とともに楽しむ。季節限定のビールが登場したり、同時にokeba gallery & shopが企画する蚤の市が開催されたり。日中の開催なので、「明るい時間から飲めるのがうれしい」との声が多いが、ときおり夕方から夜にかけても開かれている。

2023年は湘南ビールのタップ（ビールサーバーの注ぎ口）6種類に加え、自家製ソーセージやタコライス、BLTサンドなどビールに合うおつまみを販売した。

EVENT

SHONAN BEER & LIVE
@ mokichi cafe

毎年10月に開催するオクトーバーフェストのプレイベントとして、2023年スタート。mokichi cafe閉店後の夜のイベントなので、大人たちが集い、ビールグラスを片手に熊澤酒造のイベントではおなじみのアコースティックトリオの演奏に聴き入る姿が見られる。

「カフェで楽しい試みをやりたかった」とマネージャーでアコースティックトリオの一員でもある酒井康平。「オクトーバーフェストとはひと味違うコアな雰囲気を楽しんでいただけたらと思います」

EVENT

ウエディング
〈一年じゅう〉

緑あふれる中庭とMOKICHI TRATTORIAは
ウエディング会場として利用可能。
それぞれの季節を生かした式を行っている。

「この場所が好き」というファンはもちろん、「食事をメインにした結婚式を挙げたい」というかたにも人気が高いMOKICHI TRATTORIAのウエディング。中庭での挙式のあと、ゲストのために用意されたコース料理が提供される。「カジュアルな式から厳格な式まで対応できます。自分たちらしい結婚式を挙げたいかたに人気です」(ホールチーフ・水島 功)

EVENT

オクトーバーフェスト
〈十月〉

熊澤酒造の最大のイベントである
ビールのお祭り、通称"オクフェス"。
敷地全体を使って行われ、
来場者もスタッフも一体となって盛り上がる。

蔵元だからこそ生み出せる
楽しさや一体感が味わえる3日間

　オクトーバーフェストの発祥はビール醸造の本場、ドイツのミュンヘンで、1810年に王太子の結婚を祝った際にビールをふるまったのが始まり。

　熊澤酒造のオクフェスは1999年から開催しており、各レストランの特別メニューあり、屋台あり、ライブありの3日間。心待ちにしている常連客も多く、敷地内は一年で最もにぎわいを見せる。チケット（前売制）と引き換えに入り口でオリジナルグラスを受けとったら、ビールや料理を味わい、音楽を聴きながら、だれもが思うままにこの場を楽しむ。

　「1999年の秋、ウィーンのワイナリーで出会った光景が忘れられません。音楽が流れるなか、ワインや料理を手に、歌ったり、踊ったり、自然と一体感が生まれて。お酒が生み出す、そんな楽しい空間をみんなで共有したいと思っています」（社長・熊澤茂吉）

右上／2022年の屋台では特製ソーセージやハム、もつ煮込みなどを販売。　**左上**／MORICHI TRATTORIAで人気のピザ・マルゲリータやペンネアラビアータなどパスタのほか、「湘南ビールのポテト」などオクフェス特別メニューも。

下／昼のステージには、日産自動車吹奏楽団メンバーによるサックスアンサンブルが登場。常連さんは仲間と楽しみ、仲よく早々とひと眠りする人も。

定番のピルスナーや限定醸造のヴァイツェンボックのほか、2022年にはオクフェス限定ビールもラインナップ。年齢や国籍を問わず集ったビール好きも大喜び。

上／テラス席は10時に入場開始して、すぐいっぱいになる。
左・右／神奈川県産ブランド牛・やまゆり牛のステーキと豚バラ肉をビールで煮込んだ「モキチ名物湘南ビール煮」はMOKICHI TRATTORIAの看板メニュー。2023年のオクフェス限定ビールは、自社栽培のホップを一部使用した、湘南ビール初のペールエール。

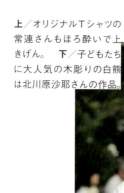

上／オリジナルTシャツの常連さんもほろ酔いで上きげん。　下／子どもたちに大人気の木彫りの白熊は北川原沙耶さんの作品。

上／ビール工場脇のブースでは、樽内で長期熟成させたバレルエイジドや創業150周年を記念して生まれたサワーエールも販売。　下／日が暮れるほど、どんどん熱気が高まる。

左・下／社員であり、ミュージシャンでもある酒井康平は、2012年からライブを担当している。みんながいっしょに口ずさめるポップスや往年の名曲、熊澤酒造のオリジナルテーマ曲「よっぱらいソング」などに合わせて、それぞれが歌い、踊って、会場は大いに沸き、ひとつになる。

目を輝かせて見つめる子どもの姿も。「曲や曲順は客層によって変えています。2年間休んで復活した2022年は、お客さまの熱い思いを感じて感動しました」(酒井)

上／酒蔵前にはビールを囲んで、静かに時間を過ごすグループが。夜の熊澤酒造も趣がある。　下／社長の熊澤茂吉はステージのそばで静かに見守る。

上／夜空に映えるプロジェクションマッピングの映像が、ライブをさらに盛り上げる。　下／「蔵元料理 天青」では、吟醸粕漬けクリームチーズ＆いぶりがっこ、特選牛の朴葉ねぎ味噌焼きなどを提供。お酒も料理も和洋さまざま楽しめるのも、大きな魅力。

オクトーバーフェスト

10月の夜、この場、この時間を楽しむ人たち。「ある年のオクフェスで、初めて会ったお客さまどうしが肩を組み、踊りながら歌う姿を見て、ウィーンで見た光景が思い起こされて、お酒があるから生まれる楽園だと感動しました」(熊澤)

→ HOW TO MAKE / GIN

ジンづくり・五月〜八月

100年の時を経て、熊澤酒造の蒸留酒が復活。第一弾であるジンは、ライススピリッツにジュニパーベリーのみを漬け込み、ほかにはない味に。

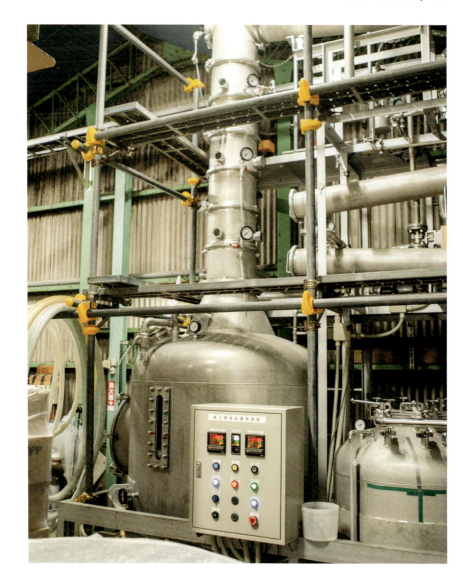

酒粕由来のアルコールを使った蔵元ならではのジンが誕生

　ジンは穀物を原料とした蒸留酒をベースに、ジュニパーベリー（セイヨウネズの実）のほかスパイシーなボタニカルで香りづけしたスピリッツ。近年、造り手がこだわりをもってつくる"クラフトジン"が世界的なブームになっている。熊澤酒造でも、2020年からジンをつくり始めた。
「100年ほど前は酒粕を蒸留して粕取り焼酎をつくっていましたが、今はあまり人気がありません。昔とくらべて酒粕自体の需要も減っているので、有効活用したいという考えもありました」（熊澤）
　吟醸粕（吟醸酒を搾ったあとの酒粕）を再発酵させて蒸留した粕取り焼酎をベースにライススピリッツをつくり、ジュニパーベリーのみを漬け込んで蒸留したジン。熊澤酒造らしいジンをつくるために研究を重ね、蒸留を3回行うことでバランスよく、深みのある味わいになった。

発酵 はっこう

酒粕 さけかす

左／ジンは酒粕からつくるため、酒蔵部が担当。吟醸酒を搾ったあとの吟醸粕をはがす。　右上／吟醸粕を再発酵させて搾ったものを2回蒸留し、粕取り焼酎をつくる。そこにジュニパーベリーを漬け込んで再度、蒸留する。　下／2021年2月にクラフトジン「白天狗」として発売。「2020年7月から自社の田んぼ近くの畑で、ジンに使うジュニパーベリーを育て始めました。数年後には全量をまかなえたらと思っています」(熊澤)

→ HOW TO MAKE / WHISKY

ウィスキーづくり・一月〜三月

ジンに使う蒸留機を生かせることがわかり、始まったウィスキーづくり。樽にウィスキーとビールを交互に詰めることで、より芳醇な味と香りになる。

ビールづくりをしているからこそつくることができるウィスキーを

　ジンづくりと同じハイブリッド型の蒸留機を使って、2020年からスタートしたウィスキーづくり。「簡単にいうと、ビールを蒸留して熟成するとウィスキーになるので、自社のビールでつくり始めました。自分たちなりに行った研究や他社での研修で得た知識とクラフトビールをつくってきた経験をもとに、熊澤酒造らしいウィスキーをめざしています」(ウィスキー蒸留責任者・筒井貴史)

　麦汁をフーダー(木製のタンク)に移し、発酵させてから蒸留。できた原液をオーク樽に入れて熟成させる。ウィスキーは最低3年以上熟成させることが条件なため、2023年冬にサンプルを限定発売し、2024年11月の本リリースに向けて熟成中。
「蒸留方法や発酵具合で仕上がりが変わるうえ、完成まで数年かかるので、先が読めないおもしろさもあります」(筒井)

蒸留
じょうりゅう

右・上／敷地内にフーダーと呼ばれる木製の発酵タンクを新たに設置。アメリカのFoeder Crafters社製で、ほのかな木の香りとすみつく乳酸菌の力で複雑な旨みが加わる。発酵後に蒸留した原液、ニューポットをテイスティング。　下／樽に詰め、ガラス張りの熟成倉庫に移す。「インペリアルスタウトなどビールの熟成後の樽にウィスキーを入れ、熟成したらまたビールに使って、と樽を循環させているので、それぞれの風味が移って独自の味になっていきます」(筒井)

熟成
じゅくせい

ビールカタログ

→ CATALOG / CRAFT BEER

Series:
通年商品

湘南ビールは神奈川県初、1996年に誕生したクラフトブリュワリー。一年を通して基本の6種類を醸造している。

ピルスナー
チェコ・ピルゼン地方発祥の世界中で人気の下面発酵ビール。爽快なホップの苦みと香り、モルトの甘みが特徴。

アルト
「古い」を意味するデュッセルドルフ発祥の上面発酵ビール。モルトの甘みとホップの苦み、果実香が絶妙。

シュバルツ
バイエルン発祥の下面発酵ビール。ローストモルト由来のフレーバーが香ばしい。ワールドビアカップ金賞受賞。

ゴールデンエール
別名「妻ビール」。ホップがきいた美しい金色をしていて、爽やかな柑橘系の香りとすっきりとしたフレーバーが魅力。

IPA -アメリカンスタイル-
アメリカ産ホップを贅沢に使用した、華やかなアロマが特徴。クリーンなホップのフレーバーと上品な苦みを味わって。

Hazy IPA
圧倒的なホップアロマ、ジューシーなフレーバー、霞がかったにごり、苦みを抑えたソフトな口あたりが新鮮。

Series:
イベントラベル

通年商品が季節のイベントごとに模様がえして限定ラベルに。

母の日／父の日
母の日ビールの中身はアルト、父の日ビールの中身はピルスナー。日頃の感謝を込めて、プレゼントにぴったり。

ハロウィーン
ハロウィーン・ラベルは3種類。中身は(左から)狼男はシュバルツ、魔女はピルスナー、かぼちゃはアルト。

クリスマス
クリスマス・ラベルの中身はシュバルツ。聖なる夜は、ドイツ語で「黒」を意味する、湘南ビール自信作で乾杯を。

Series:

ローカル
プロダクト

春夏秋冬、
それぞれ季節の旬の
柑橘類や
ハーブなど
地元産の食材を
使って醸造した
限定シリーズ。

※発売月は目安です。

大磯こたつみかんエール
（1～2月）

NPO法人西湘をあそぶ会が大磯町で無農薬栽培し、収穫した完熟みかんを使用。みずみずしい香りが特徴。

本ゆずセゾン
（2～3月）

セゾン酵母が醸すフェノーリックなフレーバーにゆずの酸味が組み合わさり、さらに複雑で奥行きのある味わいに。

片浦レモンエール
（4～5月）

小田原市片浦地区で、農薬を極力使わず栽培されたレモンを使用。上品な酸味と甘く爽やかなフレーバー。

山椒IPA
（6～7月）

日本の伝統的な食材の山椒をアメリカンIPAと合わせた。山椒の爽やかな辛みとホップの華やかな苦みが絶妙。

サマーオレンジエール
（7～8月）

小田原市片浦地区栽培のニューサマーオレンジを使用。オレンジのアロマとフレーバーが全開で、夏にぴったり。

レモングラスホッパー
（9～10月）

神奈川県秦野市の大竹雅一さん（p.103）栽培のレモングラスを使用。レモンのアロマ、シトラスなフレーバー。

ピンクジンジャーエール
（11～12月）

「Chigasaki Organic Farm」の二宮隆治さんが育てた長崎赤芽生姜を使用。辛みと甘みのハーモニーを味わって。

早摘みレモンエール
（11～12月）

新鮮で青々とした、清涼感たっぷりなフレーバーが特徴。芳醇でまろやかな酸味がホップと相まって、絶妙な調和に。

ゆずエール
（12～1月）

神奈川・藤野産のゆずを使用。華やかなアロマにアメリカ産ホップが相乗効果となり、引き出された強い柑橘香が魅力。

Series:
限定醸造品

長期熟成の
ハイアルコールや
貴重なホップによる
シングルホップ、
限定コラボビールを。
木桶や木樽で
熟成する
天狗ビールシリーズ。

※ALCは
アルコール度数です。

チョコレートポーター

イギリス伝統のポーターをベースに、チョコレートモルトで仕上げた。ビターチョコレートのような深い味わい。

ヴァイツェン

バイエルン発祥の小麦を使った上面発酵ビール。小麦のきめこまかい泡とバナナやクローブを連想させるアロマ。

ヴァイツェンボック

バイエルン発祥のローストした小麦を使った濃色にごりビール。フルーティなアロマと濃厚な味わいを楽しんで。

ピーチ エール

福島市大笹生のフルーツファームカトウで育てられた、吟醸桃を生かしたジューシーでやわらかい味わい。

プレミアムラベル

バーレーワインやインペリアルスタウトなど、ALC 8%以上の個性豊かなプレミアムビールを年2〜3種類醸造。

天狗ビールシリーズ

ウィスキーを発酵させる木桶フーダー（左）や木樽（中）で熟成、敷地内防空壕で長期熟成させたビール（右）も。

スピリッツカタログ

→ CATALOG / GIN, WHISKY

100年ぶりに復活。
湘南の蔵元らしい
クラフトジンを
2021年2月に発売。
神奈川県初の
ウィスキーも
2024年11月に発売。

クラフトジン 白天狗

吟醸粕を再発酵させて造った粕取り焼酎ベースのライススピリッツに、ジュニパーベリーのみを漬け込み、3回蒸留。

クラフトジン 白天狗 レモングラス

神奈川県秦野市の大竹雅一さん（p.103）が栽培した、レモングラスを加えた限定酒。

ウィスキー 赤天狗

バーボン樽にインペリアルスタウトビールを一年投入してビールを抜き、ウィスキー原液を入れて4年以上熟成。

三章

蔵元料理 天青

代表銘柄「天青」発売に向け、1918（大正7）年築の仕込み蔵を生かしながら、フルリノベーションで完成。ケムリデザインの和田夫妻、庭師の船平茂生さんたちと初挑戦した古民家再生の出発点。春、夏、秋、冬──、季節の料理とともに紹介。

左／1920年代に使われていた角樽（祝儀の際に贈られる樽）と斗瓶（一斗の酒が入る瓶）。　右／周辺の農家のかたが酒を汲みに来るときに使っていた"貧乏徳利"。

RESTAURANT

蔵元料理 天青

酒造りの大切な仕込み蔵だった場所に、新銘柄「天青」を味わえる和食レストランを開店。酒蔵にとって再生の場ともなった。

蔵元料理 天青

酒が引き立つ蔵元らしい料理で
湘南地域に極上のハレの場を提供

　2002年6月、かつて仕込み蔵があった場所に開いた「蔵元料理 天青」。日本酒「天青」の立ち上げにあたり、料理とともに味わえる場をつくるため、仕込み場を隣の酒蔵に移転。木造の蔵を組み直して店舗に、基礎に使われていた大谷石は入り口通路になり、瓦はその周囲に埋め込み、和食レストランとして生まれ変わった。

　落ち着きのある空間で味わえるのは、"湘南の蔵元が表現する和の世界"をコンセプトにしたコース主体の料理。「搾りたて新酒や秘蔵のお酒を飲みながら、酒造りの工程でできる酒粕や麹と、四季折々の食材を使った料理を楽しんでいただけます。あたたかみのある料理とおもてなしで、湘南地域に極上のハレの場を提供できたらと考えています」(キッチンチーフ・古屋武史)

左ページ下／入り口で灯る照明はルイスポールセンの「PHコントラスト」。扉は小田原の農家で長年使われていた蔵戸。　下／入り口を入って左手に大正時代に使われていた精米機が。ふたつあったうち片方はMOKICHI FOODS GARDENに。さし色になっている朱色の竈(かまど)は、京都で見たおくどさんをモチーフに制作。

SHONAN

KURAMOTORYORI TENSEI

蔵元料理 天青

開業時は囲炉裏があった空間をリニューアルし、広々としたテーブル席に。家具はバリ島で制作したオリジナル。椅子敷きは昔、酒を搾るのに使っていた酒袋をリメイクしたもの。

酒蔵が見える個室は、20名ほどで貸切可能。「前は大吟醸を仕込む吟醸蔵でしたが、壁をはがすとレンガが出てきて。元は麹室だったので、原形に戻しました」(社長・熊澤茂吉)。

左ページ／1階の床材は、新潟の古民家を解体した際に出た古材を再利用。20年以上たち、黒光りして重厚感が増している。棚には、敷地内でとれた梅や山桃を漬けた果実酒を並べて。　上／窓からは美しい竹林が見える。　右／店内をゆるやかに仕切るため、古い格子の建具を活用。和の小物や本は、ときおり入れ替えを行う。

梁や骨組みは残しつつ、2階の床を抜いて吹き抜けに。酒米を包んで蒸していた布を暖簾(のれん)に使ったり、酒樽の底をテーブルの天板にしたりと随所に昔の酒蔵が感じられる。

蔵元料理 天青

上／特注のガラス戸で開放感や空間のつながりを保ちつつ、席を仕切って。　中／酒蔵で使っていた道具を照明器具に。　右／仕切りがない席を居心地よくするため、住まいのようにしつらえた。「父方の祖父の書庫と母方の祖父のオーディオルームを合体させました」（熊澤）　下／窓の外の竹林がまるで絵画。

| KURAMOTORYORI TENSEI | 春の料理 | DISHES OF FOUR SEASONS |

1
初鰹 新玉ねぎの焼きびたし
はたるいかと
ふきのとうのあられ和え／
白魚とわかめの加減酢ジュレ
筍の合鴨ロール
わらびと木の芽の味噌和え

初鰹、ほたるいか、筍、木の芽と、食べるごとに春の香りが口いっぱいに広がる。

2
桜鯛の松皮造り／
アスパラの
彩り燻製サラダ

弾力がある春の桜鯛に熱湯をかけてから冷やし、皮と皮の下の脂身の旨みが味わえる一品に。春野菜には、いぶりがっこタルタル＆牡蠣と塩麹のソースを添えて。

3
菜の花と
桜海老のコロッケ／
鰆（さわら）の幽庵蒸し
琥珀かぶあん

酒と醤油、みりんを合わせた幽庵地に漬け込んで蒸した鰆を、柚子が香るあんのお椀に。出汁で炊いた桜海老の風味豊かなコロッケとともに。

4
蔵元厳選鶏の
吟醸熟成粕味噌焼き

熟成粕と味噌に漬け込んでやわらかく、味わいが増した大山鶏を焼き、上にトマトのコンカッセ（角切り）を。甘みのある紅菜苔と、醤油麹とパンチのある行者にんにくのソースが調和して。

春に畑や野山でとれる食材は生命力がみなぎり、独特の香りや苦みがあるのが特徴。
春を告げる魚介類や厳選肉との組み合わせがお互いの旨みを引き立てて。

5
地鶏の生ハム
吟醸クリームチーズ焼き
そら豆わさびソース／
桜海老と春菊のさつま揚げ
とごぼうの和え物／朝掘り筍
の土佐煮 ふき味噌添え

春ならではの香り高く、苦みが少ない朝掘り筍など、旬の食材を生かして。

6
初鰹と根菜のサラダ
おろしポン酢ジュレ

身が引き締まり、脂が少なくて、さっぱりとした旬の初鰹。雪うるい、みょうが、豆苗、青じそ、根菜をたっぷりのせ、やわらかな酸味のあるポン酢ジュレとともに華やかなサラダ仕立てに。

7
わらび豆腐の磯辺揚げ
山菜あんかけ／
旬魚の菜種辛子焼き

葛粉入りのわらび豆腐を磯辺揚げにし、山菜が香るあんをかけて。菜種辛子焼きは塩麹に漬けた魚に菜の花、卵、魚のすり身、辛子を合わせていっしょに焼き上げたもの。

8
蔵元厳選豚バラ肉の
低温調理
エシャレットソース

ローズマリーやバジル、山椒で香りづけした豚肉を、低温調理でしっとりやわらかく仕上げ、エシャレットの風味と新玉ねぎの甘みとがきいた醤油ベースのソースをかけて。

| KURAMOTORYORI TENSEI | 夏の料理 | DISHES OF FOUR SEASONS |

〈平日お昼限定〉
蔵元美膳コース

平日のランチコース。前菜4種は「旬菜と若鮎の燻製マリネ」「かぼちゃ豆腐 小松菜の利久和え」「うざくと冬瓜素麺 もずくの吸い酢ジュレ」「初夏野菜と湯葉 蟹のあんかけ」、温菜・主菜魚は「万願寺鋳込み 貝出汁あん」「旬魚の西京粕味噌漬け焼き 紫陽花おろし添え」、主菜肉は「豚の蒸し煮 柑橘かぶあん」、ごはんは「ふきの五目ごはん」、甘味は「甘酒豆乳ブランマンジェ」。香物、味噌汁がつく。

太陽をたっぷり浴びて色濃く、みずみずしくなった夏野菜と
酒や酒粕、塩麹に漬け込んで深みが増した肉や魚を存分に味わえる夏のメニュー。

千峰コース　旬の食材を生かし、どんな会席にも合い、食事だけでもお酒の席でも満足できるスタンダードコース。先付は「鰻の白焼きと出汁巻き かぶ柚子あん」、前菜は酒麹を使った「太刀魚の吟醸粕漬け焼き」ほか4種、副菜は「とうもろこし団子 もろこしあん」、本日のお造り、主菜魚は「丸なすと鮮魚の焼き物 利久田楽仕立て」、主菜肉は「蔵元厳選牛の柑橘麦酒煮 冬瓜みぞれあん」。ごはん、香物、味噌汁、甘味がつく。

桜のチップを使ってあさりを燻している。火の入り具合や燻製香のつき方に注意を払いながら。

野菜の鮮度や彩りを確かめながら、地元のとれたて野菜や三浦産の野菜をオーブンで焼く。

鰹節としいたけからていねいに出汁をとり、味噌を加えて、赤出汁をつくっているところ。

料理と器との調和や美を追求して、器にソースで描いたり、遊び心をもって盛りつけをしたり。

白い器を使って季節の食材を引き立て、おいしそうに見えるようバランスを考えながら。

お客さまの喜ぶ顔をイメージしながら、お祝いプレートを手書きで一枚一枚仕上げていく。

| KURAMOTORYORI TENSEI | # 秋の料理 | 一年でいちばん旬の食材が豊かな秋を堪能して。 |

1
**針野菜の鶏生ハム巻き／
いぶりがっこタルタル／
サーモンのオレンジマリネ／
胡麻豆腐 落花生ソース／
めかぶの酢の物
あさりの貝出汁ジュレ**

オレンジの香りをまとわせたサーモンと酒粕と田舎味噌に漬けたチーズは好相性。

2
**紫いも団子 ごぼうあんかけ／
さんまの幽庵焼き
わたと柚子胡椒ソース**

紫いもと白玉粉を練った団子にあたたかいごぼうあんをかけ、口にするとほっとする一品に。柚子が香る幽庵焼きは、さんまのわたを使ったソースを合わせて。

3
**サーモンミキュイ 柿と
アボカドのタルタル添え／
ホンビノス貝の酒蒸し
貝出汁あん／
鮭の白子 ポン酢おろし／
秋の吹き寄せ きのこのピュレ**

旬の鮭やきのこに、旬の柿やたまり醤油につけた長いもなどをアクセントに。

4
**大山鶏のにんにく
たまり醤油焼き**

やわらかい肉質が特徴の大山鶏をたまり醤油に漬け込み、皮がパリッとなるまで焼き上げて。バルサミコ酢と巨峰の甘みのあるソースで、旨みとコクがアップ。青梗菜ときのこなどを添えて。

| KURAMOTORYORI TENSEI | 冬の料理 | 心身ともにあたたまり、酒に合う料理の数々。 |

吟望コース

カジュアルに利用できる小会席。先付は「合鴨の松風 春野菜とともに」、前菜は「赤海老の三五八漬け」「いいだこの旨煮 辛子田楽味噌」「めかぶとホンビノス貝の酢の物」「あん肝といも寒 生姜べっこうあん」、副菜は「春菊とずわい蟹のしんじょ 湯葉巻き揚げ」、本日のお造り、主菜魚は「旬魚の塩麹蒸し 吟醸粕汁仕立て」、主菜肉は「蔵元厳選国産牛のグリル 下仁田ねぎソース」。ごはん、香物、味噌汁、甘味がつく。

蔵元料理 天青

天青のイメージに合う涼やかで味わいのある
錫（すず）の片口は、蔵元が京都旅行で購入したもの。

茅ヶ崎生まれの画家・三橋兄弟治（いとじ）の油絵。絵の
モデル、娘・千尋さんによる熊澤酒造への寄贈。

「縁起のよさそうな面構えに、ひと目惚れし
て」(熊澤)、湯布院の古道具屋さんで購入。

「仕度中」の文字はケムリデザイン。大きな壺は
湯布院で購入した、江戸時代の食糧備蓄用のもの。

蔵元料理 天青

四章

熊澤酒造を支える人たち

1994（平成6）年に
蔵元・熊澤茂吉が
6代目を継承してから30年。
常に移り変わっていく
熊澤酒造に長く関わり、
今も支え続ける16名が登場。
蔵元としての姿勢や人となり、
唯一無二のこの楽園の魅力が
近しい人の言葉からこぼれ出る。

熊澤茂吉（6代目蔵元）

多くの協力者、社員、スタッフ
みんなの助けに支えられ、30年かけて少しずつ、
今の熊澤酒造になっていったように思います。

ドイツには、初めて仕込んだビールの完成時に醸造責任者がオーナーにビールかけを行う風習がある。
湘南ビールの初仕込み完成後の1996年9月以来、25周年を記念してビールかけを行った。

　あれ、前に来たときこんなのあったかしら、なんか雰囲気が変わった気がするなぁ、とか話しながら庭を散策されるお客さまを見かけることがよくあります。そうすると、僕はしめしめとほくそ笑んでしまいます。

　熊澤酒造の敷地には決まりはなく、きちんとした計画があるわけじゃない。ただ、社員であったり、ご縁があったりした人との会話のなかで、それおもしろいとか、それ必要だよねってことがあると、わりとすぐに実行に移してしまいます。

　この敷地全部を一つの生命体として受け止めていて、自然に変化していくものと捉えています。最初は庭づくりや移築して店づくりをするのですが、そのあとは経年変化を楽しむ余裕を持っていたい。たとえば、雑草かもしれないけど庭にかわいい花が生えてきたり、苔むしたり、建物の色が褪せて朽ちてきたり。むしろ、そういう変化が楽しみでもあります。

　かつて祖父母の時代には、酒蔵は地域住民が集まり、酒を酌み交わす地域の食文化の中心地でした。その姿を現代の蔵元として、自分にしかできない姿でよみがえらせたいと思っています。

　30年前（1994年）つぶれそうな酒蔵を継いだとき、新しい日本酒「天青」を生み出すまでの数年間を生き残る切り札として、「湘南ビール」を立ち上げ、同時にレストラン「湘南麦酒蔵（現MOKICHI TRATTORIA）」を開業しました。社会経験も知識もなく、知人のツテで専門家の人たちに立ち上げをお願いしましたが、形になるにつれ、どうにも違和感を覚えるようになっ

たのです。どんなにちゃんとできていても、これは自分の店じゃない、と。

そんなとき出会ったのが、空間づくりの仕事を始めたばかりの「ケムリデザイン」の和田義之・真帆夫妻でした。開業したばかりの店をいったん閉め、和田夫妻の提案でオリジナルの照明器具を空間に吊るすことから、ふたりとのつきあいが始まり、その後も長年にわたり、僕の考えたことを具現化してくれるパートナーとしてお世話になりました。

またその頃、茅ヶ崎で花屋を開店したばかりの船平茂生さんと知り合えたことは、その後の敷地内緑化に大きく影響しています。

湘南麦酒蔵が軌道に乗った頃、飲酒運転に対する報道により、突如として逆風が吹き荒れます。折しも地ビールブームも泡と消え、ビールだけに頼らない店づくりが急務となりました。そこで2000年にビール醸造から生み出される副産物としてのパンづくりにとり組み、パン屋「パン・ア・ラ・ビエール」が開業、レストランをベーカリーレストラン「湘南麦酒蔵」としてリニューアルしました。その際、船平さんに店の前のテラスをデッキにしてもらい、パン工房の内装外装は和田夫妻と知恵を出し合い、夜通し手作りでつくった傑作でした。

5年の時を経て、日本酒が納得のいく品質になってきたので、「天青」という新たな名前で発売することになり、2001年に和食レストラン「蔵元料理 天青」をつくることにします。湘南麦酒蔵の反省から、プロの建築家でなくても感性の合う人がいいと思い、和田さんに設計もお願いしました。庭づくりは船平さんに依頼して、実質、彼の庭師デビュー作となりました。このとき初めて、昔からあるような風情の天青へとつながるアプローチができ上がりました。

土木工事ほかさまざまな工事を手がけてくれたのが、AKi工業の長谷川（明義）さん。そのあと松澤設備の松澤（均）さんが加わり、給排水設備工事から大工仕事、塗装、電気工事、家具やオブジェ製作までほんとうに幅広く担当してくれています。

その後、湘南麦酒蔵は「MOKICHI TRATTORIA」に名前を変えてリニューアル（2005年）、さらに敷地奥に築450年の古民家を移築再生させてリニューアルオープン（2014年）。パン屋は「mokichi baker & sweets」となり、「mokichi cafe」とともに2015年に移転オープンしました。2011年には倉庫を改装して「okeba gallery & shop」も始まりました。

順風満帆に見えるかもしれないけれど、最初の頃は酒造りの設備やレストランの什器備品が思うようには買えなかったので、廃業する蔵や旅館があると聞いては桑原（浩実）部長と2人でボロボロのトラックに乗り、全国どこでも蔵出しに駆けつけたものです。部長が設備関係を探し回っている間、僕は家具や古道具などをかき集めました。

そんな荒行をくり返すなか、大久保（忠浩）さんや石井（裕人）さん、（山口）太郎くんと出会い、海外の家具や照明、インテリア小物がレストランやショップの魅力となっていきます。レモングラスや山椒を納める大竹（雅一）さんやコーヒー豆を卸す葛西（甲乙）さんをはじめ、「天青」の誕生前もあとも君嶋（哲至）さんやジョン（・ゴントナー）さんにはずっとお世話になりっぱなしです。立ち上げからずっと支えてくれる「okeba gallery & shop」や「熊澤通信」の湯川（紀子）さん、mokichi green marketの城月（直樹）さんをはじめBiocchi（ビオッチ）のメンバー、「ちがさき・もあな保育園」の関山（隆一）さん、そして「暮らしの教室」の仲間、原（大祐）くん、熊澤（弘之）くん、山居（是文）くんが近くにいてくれて、またこの場で紹介しきれない多くの協力者、社員、スタッフたちみんなのおかげで、30年かけて少しずつ、今の熊澤酒造になっていったように思います。

お店ができるごとに地面のコンクリートをはがして枕木を入れたり、大谷石を敷いたり、植木をしたり勝手に生えてきたり、姿を変えながらなじむように広がっていく、この敷地。自分は建築家でも空間プロデューサーでもないので、専門家がどう見るかはわからないけれど、この敷地は自分の"好き"だけが集合していることに間違いはありません。

ここに集まってくる古物は、価値あるような古美術品ではなく、一見したら廃棄物にしか見えないようなものや単に朽ちかけたものだったりもします。

そんなふうにして、僕の心をくすぐるものたちだけを自分の好きな空間に呼び寄せ、感性が響き合う仲間たちの助けを得ながら、これからも表現していきたいと思います。

Interview
01
Shigeo Funahira

上／山桃は「蔵元料理 天青」のシンボルツリー。ジャムや果実酒にしたことも。　下／船平さんの提案で、処分寸前だった枕木を捨てずに、裏山の階段に再利用している。

船平茂生さん（plantas）

"季節ごとに巡る庭"をつくって24年。熊澤酒造の庭は、私の原点です

　1989年に「湘南麦酒蔵」というビアレストランの観葉植物から始まり、2000年の「蔵元料理 天青」の造成工事から、庭のすべてを手がけています。当時はガーデニング未経験だった私の申し出を、断らないのが茂吉さんのすごいところ。茂吉さんはもちろん、スタッフや作家さん、業者のかたからも、笑顔や刺激をたくさんもらっています。それがお客さまにも伝わって、たくさんの人が集まるんだと思います。

　当時、庭にはメタセコイアやほかにも木はありましたが、「意味のある木を」と考えて山桃、梅やカリンなどお酒との相性がいい木を植えました。春は桜、夏はサルスベリなどの花が咲いて、秋は紅葉も楽しめます。手を加え続けていて、常に変化しているので、いつ来ても楽しんでいただけるはずです。

大久保忠浩さん（古物商）

「こういう使い方をしたんだ」という驚きとうれしさを、来るたびに感じる

Interview
02
Tadahiro Okubo

　1950年代以降の国内外のデザイン性の高い家具や工業製品、グラフィック、オブジェなどを中心に扱っています。海外仕入れはせず、地産地消のように100km圏内での売買を心がけています。仕事上、ものに囲まれていますが、単なる物質ではなく、楽しいやうれしいという気持ちを扱っていると気づいて。人と人とのやりとりが、いちばんおもしろいですね。
　熊澤酒造にはレストランの家具や照明、ディスプレイ用品、okebaで販売する商品を納めています。僕はものを生き物のように考えていて、買ってもらうときは「嫁がせる」と言うのですが、熊澤さんのお店に行って嫁がせたものを見ると「こういう使い方をしたんだ」という驚きとうれしさがあります。

左／古いゲーム盤はokeba gallery & shopのレジの受け皿に。　右／MOKICHI KAMAKURAの入り口を飾る、カルロ・スカルパのシャンデリア。

石井裕人さん（アンティークショップメニュー）

さまざまな国や質感のものが並ぶ
バランスは、"ザ・熊澤ワールド"

Interview
03
Hiroto Ishii

家具屋とカフェで17年働いたあと、2008年に生まれ育った神奈川・平塚でイギリスアンティークの店を開きました。年3回ほど、海外の蚤の市などで買いつけをしています。

好きなのはカジュアルで楽しくて、デザインと機能性がすぐれたもの。1950年代頃のスクールチェアは開店当初から扱っていますが、熊澤さんも好きでまとめて仕入れてもらいました。古い梁や壁とさまざまな国や質感のものが並ぶバランスは、ほかにはない"ザ・熊澤ワールド"ですね。

左／「2014年のトラットリアの改装は衝撃でしたが、トイレに鏡があって興奮しました」 右／mokichi baker & sweetsのイギリス製テーブル。

山口太郎さん（北欧家具talo）

照明や家具の使い方、空間を見ると
いつも「やられた！」と思います

Interview
04
Taro Yamaguchi

神奈川・秦野で北欧家具の店を営んでいます。輸入業をやりたいと考えていた27歳のとき、幼なじみがいたフィンランドを旅して、家具はデザインするものなんだと認識して。おもしろいなと約40万円分買いつけたのが始まりです。

熊澤さんは年に数回来て、いつも価値があるものを見極めて買ってくれます。MOKICHI TRATTORIAにあるポール・ヘニングセンの照明「アーティチョーク」はデンマークで買いつけたもの。この高さで使うんだ！と驚きました。

左／mokichi cafeに置かれたソファは単体と印象が違い、空間にぴったりでうれしかったそう。右／okeba gallery & shopの照明「ルーブル」。

熊澤酒造を支える人たち

Interview
05
Masakazu Otake

ごく少量だが、料理の脇役になるイタリアンパセリなどのハーブも栽培している。

大竹雅一さん（マウンテンバイクショップオオタケ）

この場に流れる空気にビビッときてレモングラスのビールを提案しました

　幼少の頃から自転車が好きで、実業団に所属してロードレースに出たこともありましたが、「競走じゃなくて気持ちよく走りたい」と思ってやめて。その後、マウンテンバイクのパーツの開発・企画のためにアメリカに行って、自分もマウンテンバイクに乗っていました。走り終えたあと、コロラドの山の麓にある自転車店やブリュワリーでわいわい話すのがとにかく楽しくて。神奈川・秦野でマウンテンバイクの専門店をつくるときもその光景が頭にありましたが、熊澤酒造に初めて来たときに似た雰囲気を感じて、ビビッときたんです。

　店の裏の畑でレモングラスを育てているのですが、ビールに使ってほしいとお願いして生まれたのが「レモングラスホッパー」。押しかけ女房みたいな感じですね（笑）。

　毎年、冬は森林ボランティアをしていて、収穫した山椒は「山椒IPA」に、倒木を救出して乾燥させた薪はMOKICHI TRATTORIAのピザ窯の薪に使っていただいています。

薪は1〜2年干して、油が抜けてから納品。火が安定するように一定のボリュームに。

君嶋哲至さん（横浜君嶋屋）

日本酒もほかのお酒もギャラリーもある、大人のワンダーランドみたいな場所

Interview
06
Satoshi Kimijima

　1892年に横浜で創業した実家の酒屋を1984年に継ぎました。「満寿泉」という大吟醸を飲んで、「こんなおいしいお酒があるんだ」と日本酒に目覚め、おいしいお酒を探し求めて全国各地の酒蔵を巡りました。

　熊澤さんが社長になり、杜氏の五十嵐さんがそれまでの大衆的な酒造りを一新したら、キレがよくなり、渋みが消えて味が変わった。激変でしたね。年々どんどん魅力が出て、食中酒としておいしい酒になって、「天青」というブランドが確立されていきました。

　熊澤さんは天才。ビールもジンもウィスキーもつくって、地元の作家を大切にして、ふつうの人じゃできないことを次々とやっている。今、こんな大人のワンダーランドみたいな場所、つくれないですよね。

左／君嶋さんの提案から生まれた「千峰天青 熊本九号酵母仕込み」。　右／君嶋さんが名付け親の「横濱魂」は今年で3年目。横浜産の五百万石で仕込んでいる。

熊澤酒造を支える人たち　　　　　　　　　　　　　　　　　　　104

ジョン・ゴントナーさん（日本酒伝道師）

Interview
07
John Gauntner

香りも味も充実した「天青」も
気楽で高級感もあるこの場所も好き

おいしいと思った日本酒を厳選してアメリカに輸出しているが、「天青」もそのうちのひとつ。

　アメリカ・オハイオ州で生まれ育って、1988年に英語教師として来日しました。日本酒に興味があったわけではなく、「米からできた酒だから、どれも同じ味だろう」と思っていましたが、1989年の正月に同僚の自宅で一升瓶の日本酒を5本飲みくらべたとき、味の幅広さに驚きましたね。銘柄や地方によってもこんなに多様性があるんだと知りました。その後は日本酒の本を読んだり、蔵元を訪ねたりしていましたが、英字新聞の記者のすすめで書いた日本酒のコラムが仕事につながりました。今は日本酒を海外に広める活動や輸出に携わっています。

　「天青」の魅力は、香りも味も充実しているところ。奥深さもありますね。酒造りはもちろんですが、気楽で高級感もあるこの場所もいい。友人を連れていくと、料理もおいしいし、みんな「居心地のいいところ」と言います。家では、okeba gallery & shopで買ったアーティストの酒器も愛用しています。

ゴントナーさんが主催する日本酒講座では、毎回、熊澤酒造を訪ねて酒造りを見学。

Interview
08
Noriko Yukawa

下／オクフェスのときの「熊澤通信」の取材チーム。　右下／2012年から2年半発行していた「okeba新聞」(右)と、製作を担当した日本酒やビールの商品カタログ(左)。

湯川紀子さん(ノスリ舎)

時とともに失われるものやことに 光を当てる視点や考え方に惹かれる

　社長と会ったのはokeba gallery & shopができた頃。古道具の隣に社長が持ち込んだコップも並んでいて、「これが売れたとき、すごくうれしいんだよ」と話す笑顔が印象的で。当初からokebaという空間のもつ意味、価値の見いだし方に柔軟さや無邪気さもあって、かっこよくもあり、おもしろいかただと思いました。
　それから4年間、ウェブデザインの仕事をしながら、スタッフとして働きました。今は「熊澤通信」(p.194)の編集とデザインのほか、熊澤酒造の3大イベントのチラシデザインも担当しています。
　通常なら捨てられる古いものや田園風景など、時とともに失われるものやことに光を当てる社長の視点や考え方が素敵だし、それが酒造りにも、お店の空間づくりにも反映されていると感じています。

熊澤酒造を支える人たち

松澤 均さん（松澤設備）

社長のアイディアを形にする仕事は
苦労がある半面、おもしろい

Interview
09
Hitoshi Matsuzawa

ふだんは配管工事が主ですが、父の代から頼まれれば大工工事や店舗のペンキの塗り直し、空調の整備などなんでもやるので、敷地内で触れていない場所はありません。ここ15年で最も印象的な仕事は、MOKICHI TRATTORIAのピザ窯。社長のひと声でピザ窯に酒造りで使わなくなったタンクをかぶせることになって、たいへんでした。

社長のアイディアを形にする内装や大工工事は図面がなくて苦労もある半面、自由さもあっておもしろいです。

左／中庭のテラスの机と椅子も社長がデザインし、松澤さんが制作。
右／タンクを見せる依頼に悩んだ、思い出深いウィスキー熟成倉庫。

長谷川明義さん（AKi工業）

みんなで楽しく仕事をしようという
気持ちが伝わるから、いつも楽しい

Interview
10
Akiyoshi Hasegawa

前職から熊澤酒造の仕事をしていて、35年前、建物のコンクリート基礎のほか、藤棚や池などを手がけました。船平さん（p.100）と熊澤さんとの構想を形にすることが多いのですが、いっさい図面がない。しかも熊澤さんはそのときどきのひらめきでどんどん進めるし、変更も多いから、業者はけっこうたいへんです。でも自分で考えながら作業ができるし、みんなで楽しく仕事をしようという気持ちが伝わってくるから、いつも楽しいですね。

左／「蔵元料理 天青」の建物解体で出た大谷石を敷地に敷いた。　右／きのこ狩り名人の一面も。きのこ汁は「蔵元料理 天青」の7〜8月の名物。

城月直樹さん（のうえんこえる）

Interview
11
Naoki Shirotsuki

人間が生きる力を強めるような
生命力が強い野菜をつくりたい

　茅ヶ崎と藤沢で、露地栽培で無化学農薬、無化学肥料で野菜を育てています。生命力が強い野菜をつくりたくて、最近行っているのは、緑肥といって植物を肥料として使う農法。冬は麦、夏はソルゴー（イネ科の一年草）を砕いて土に入れ、米ぬかや植物性の堆肥を混ぜ込むことで微生物をふやして、発酵に近い状態の土をつくっています。僕の野菜はゆっくり育つので、緻密で日もちがいいのが特徴です。

　Biocchi（ビオッチ）の一員で、就農してすぐの2016年から毎週水曜日にモキチグリーンマーケット（p.192）に出店しています。「キャベツ嫌いなのにおいしかった」「ここのパクチーしか食べられない」などと言っていただけるのが、何よりの励みです。

　実は就農して2年ほどはお金が稼げなくて、熊澤酒造で酒造りのアルバイトをしていました。麹をばらしたり、洗い物や掃除をしたり。発酵に興味があるので、すごく楽しかった。熊澤酒造は、僕の農業人生になくてはならない存在ですね。

上／玉ねぎで3種類、年80〜100種類の野菜やハーブをつくる。　下／冬のねぎは「甘みがあっておいしい」と大好評。アスパラガスや春菊も人気。

葛西甲乙さん（27 COFFEE ROASTERS）

地域にあるものを大事に守りながら
店づくりをしているのがすばらしい

Interview

12

Kohtsu Kasai

「海の近くで仕事をしよう」と1997年に神奈川・辻堂でコーヒー専門店を開きました。のめり込むほど奥深く、スペシャルティコーヒーに衝撃を受け、2006年からはいかにいいコーヒー豆を売るかにシフトしました。2012年に、店も屋号も変えて再出発。数々の産地を巡った末、信頼関係が築ける生産者と出会ったことから、ホンジュラスコーヒーを中心に提供しています。

再出発してすぐ、茂吉さんが店に来てくださって。熊澤酒造のことは以前から知っていて、実は勝手に「卸せたらいいな」と思っていたので、その願いが叶って驚きました。地域にあるものを大事に守りながら、うまく生かして店づくりをしているのがすばらしい。僕にはできないことなのでリスペクトしています。

左／熊澤酒造オリジナルの「モキチブレンド」は、爽やかな酸味と軽やかな苦みが特徴。　右／mokichi cafeではアメリカーノのほか、ハンドドリップコーヒーも。

原 大祐さん（NPO法人西湘をあそぶ会）

実績を積んで、世界観を確立して茂吉さんの背中がもう見えません

Interview 13
Daisuke Hara

朝市「大磯市」の運営や空き店舗・家の再生「茶屋町路地」「Post-CoWork」、休耕農地の利活用「大磯農園」など、大磯町で地域資産の維持活用にとり組んでいます。

熊澤酒造のレストランが昔から好きで、茂吉さんと話したら紳士でスマートでまぶしかった（笑）。今は「暮らしの教室」（p.193）のほか、酒米や「大磯こたつみかんエール」のみかんを納めています。あらゆることに挑戦して実績を積み、世界観を確立して茂吉さんの背中が見えません。

「茶屋町路地」には豊かな暮らしをテーマにした本や器、クラフトが集まる「つきやまBooks Arts & Crafts」（会場）や、古民家を改装した「茶屋町カフェ」、ZINEと活版印刷に出会える「大磯出版」などがある。

熊澤弘之さん（リベンデル）

ともに茅ヶ崎の自給率を上げて作り手をふやしていきたい

Interview 14
Hiroyuki Kumazawa

茅ヶ崎の祖父の家と畑を残したくて、2011年に「暮らしを育てる」をコンセプトに体験型のコミュニティー農園を始めました。オープンした頃に茂吉さんが来て、ひと回りくらい上なのに気さくに話しかけてくれて。まっすぐな人で、見た目と裏腹に中身は少年だなと会うたびに感じます。

2019年から糀屋「米の花」として麹や甘酒の製造と販売を始めたこともあって、「茅ヶ崎の自給率を上げたい」「作り手をふやしたい」という思いも共有しています。

古民家のコミュニティースペース「リベンデル」は、貸し農園の会員が利用できる台所やかまど、ワークスペースなども併設。「暮らしの教室」のほか、ワークショップやマーケット、夏祭りなどのイベントも開催している。

山居是文さん（旧三福不動産）

製造の仕組みも含めて
熊澤酒造の空間は飛び抜けてすごい

Interview

15

Yoshifumi Yamai

　2014年に地元の小田原で不動産やリノベーションを手がける会社を立ち上げ、お店を始めたい人や移住したい人のサポートを行っています。茂吉さんとは「暮らしの教室」を始めるときに出会いましたが、好奇心が強くて、審美眼がすぐれているかただなという印象。古いものを生かしたお店だけでなく、酒造りやビールの製造のほか、ビール酵母でパンをつくったりという仕組みも含め、熊澤酒造の空間は飛び抜けてすごいと思います。

「旧三福不動産」の由来は、中華食堂「三福」の空き店舗で始めたから。2022年、築50年超の5階建てビルへ移転。「旧三福不動産」のほかにカフェ、コワーキング、イベントスペースなども併設している。

関山隆一さん（もあなキッズ自然楽校）

会社として、個人としての考え方に賛同できたので、協業することに

Interview
16
Ryuichi Sekiyama

「ローカルに根ざした企業と自分たちの保育園経営とがうまく協業でき、自分たちの保育園の特徴やよさも知ってもらえるいい機会になりました」と関山さん。

裏山には社長の父親が経営するスポーツクラブがあり、使わなくなったプールの場所に保育園の建物をつくった。神奈川ローカルの人々の力で建築され、机も椅子も食器も地産材でつくられた。

　茂吉さんと「暮らしの教室」でお会いしたとき、「社員のためにpatagoniaのように会社の敷地内に保育園をつくりたい」という話を聞きました。その考え方に賛同して、2018年秋に生まれたのが、企業主体型保育園として私どもも初めての「ちがさき・もあな保育園」（p.186）です。
　以前はニュージーランドでガイドの仕事をしたあと、日本のpatagoniaでも働いていました。熊澤酒造の古民家の移築や古道具や古本の販売は、patagoniaの中古衣類プラットフォーム「ウォーンウェア」や「Better Than New（新品よりもずっといい）」という考え方と同じ哲学を感じます。茂吉さんはおだやかな雰囲気ですが、すごく誠実で、「こんな大人になりたい」というかっこよさも持っている人ですね。

五章
MOKICHI TRATTORIA

鎌倉山を開発した
粋人・菅原通済の
築400年の古民家を
2年半かけて移築し、
ダイニングレストランとして
新しい命を吹き込んだ
熊澤酒蔵の金字塔。
春、夏、秋、冬——、
季節の料理をとともに紹介。

SHONAN

MOKICHI TRATTORIA

RESTAURANT
MOKICHI TRATTORIA

実業家・菅原通済が所有していた郷士屋敷の一部を移築再生した建物で再オープン。自然を感じながら、湘南ビールや日本酒に合うピッツァや生パスタ、季節の料理を味わえる。

モキチトラットリア

入り口で迎えるのは、ポール・ヘニングセンが1958年に発表した「アーティチョーク」。「照明器具というより、店の顔としてここに置きました」(社長・熊澤茂吉)

この場の空気を感じながら味わう
湘南の風土から生まれた酒と料理

　敷地に入り小径をすすむと、正面に重厚な木の扉が見える。MOKICHI TRATTORIAは1996年にオープンしたダイニングレストラン。現在の建物は、1624年建築の武州金沢の郷土屋敷が実業家・菅原通済により昭和初期に鎌倉山に移築され、その一部を2年半かけて敷地内に移築再生したもので、2014年に再オープンした。

　目を引くのは、熊澤社長が「精神性が感じられて、強く惹かれる」という極めて太い梁。格子戸や欄間などの建具は元の建物のまま生かし、床下の板はテーブルとして生まれ変わった。随所に大きな窓を配したことで、さらに陰影や趣が増し、裏山の自然とも一体となり、ゆったりとした時間を過ごすことができる。

　人気メニューは石窯で焼くピッツァや自家製生パスタ、季節の食材を使った料理。mokichi bakerができたときから、ビールの醸造過程で生まれる酵母でパン生地をつくっており、前身のビアレストランからリニューアルする際、その発酵技術の副産物でつくるピッツァとパスタを看板商品にした。コースやアラカルトは季節感と湘南ビールや日本酒に合うことを頭において、キッチンチーフが毎月考案している。

　「湘南の風土から生まれた食材どうしは相性がいいので、できるだけ地のものを使うようにしています。当社の酒や発酵調味料も使いますが、この土地やこの場の空気も感じながら召し上がることで、熊澤酒造らしさを味わっていただけると思います」(キッチンチーフ・北 卓三)

上／移築前は土間だった場所で、もともとあったベンチを生かしながら中庭が見えるテーブル席に。「ピクチャーウインドウのイメージで窓をつくりました」（熊澤）　下／裏庭が見えるように、壁を大きなガラス窓に。

モキチトラットリア

左／和室だった空間を10人用の個室に。長テーブルは1957（昭和32）年まで酒造りに使っていた槽（醪を搾るための道具）をリメイクしてつくった。　**上**／器は主に調理スタッフがセレクト。　**下上**／左側の空間の窓から見えるのは、ウィスキー熟成倉庫。春は藤棚のアメリカフジが、涼やかな紫色の花を咲かせる。

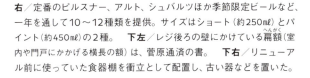

右／定番のピルスナー、アルト、シュバルツほか季節限定ビールなど、一年を通して10～12種類を提供。サイズはショート（約250㎖）とパイント（約450㎖）の2種。　**下左**／レジ後ろの壁にかけている扁額（室内や門戸にかかげる横長の額）は、菅原通済の書。　**下右**／リニューアル前に使っていた食器棚を衝立として配置し、古い器などを置いた。

上・左／1階右側には広々とした空間。巨大な球形のシャンデリアはフランスの邸宅、大きな黒いペンダントライトはフランスの工場で使われていたもの。吹き抜けには昭和初期の鯉のぼりを下げて。「梁がゴツゴツして、空間が縦に広いので、それに負けない照明を選びました。鯉のぼりはオープンが5月だったのにちなんで飾りました」（熊澤） 下／菅原通済がマレーシアでゴム農園を立ち上げ、成功を収めたことを記した扁額。

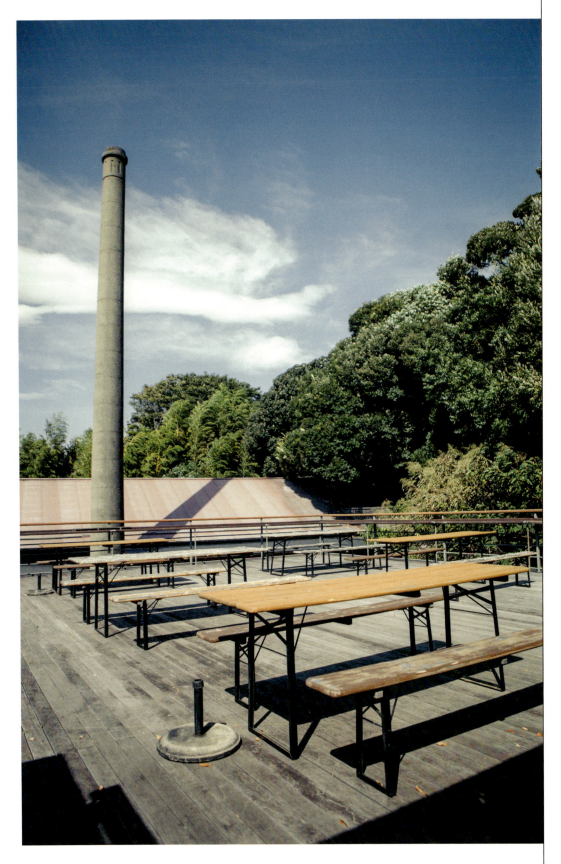

2階屋上につくったテラスからは、敷地内のシンボルの煙突が間近に見える。
晴れた日は親子連れなどで賑わう。夜はライトアップされ、雰囲気が変わる。

上／2階は梁近くにも席を設けた。席数は1階と2階合わせて180席。　下左／2階のドリンクカウンターには、湘南ビール開業時に特約店に配布した看板（右）と建物のいわれが書かれた「文庫建物」を並べて。菅原通済は美術コレクションを収めた美術館「常盤山文庫」としても一般公開していた。　下右／別の酒蔵から引き継いだ棚も活用。梁が猛々しい。

上／建具は建物にあったものをできるかぎり再利用した。格子戸からさす光と陰影が美しい。絵は菅原通済がふすまに描いたもの。 下／店がある場所は昔、熊澤社長の祖父の家だったことから、2階天井近くの本棚には祖父の蔵書を。　右／1階の女性トイレの窓からは、祖父が溶岩石でつくった水が流れる裏庭が見える。

| MOKICHI TRATTORIA | 春の料理 | DISHES OF FOUR SEASONS |

1
ミモザのサラダ

春の訪れを告げる山菜のたらの芽とふきのとう、レタスに卵白とミモザの花に見立てて裏ごしした卵黄を散らした、色とりどりのサラダ。香り高い行者にんにく入りのハムと、片浦レモンの酸味がきいたドレッシングがマッチ。

2
初鰹のインサラータ

身が引き締まった初鰹をあぶり、新玉ねぎとラディッシュを重ねてサラダ仕立てにし、味噌マスタードソースを添えて。芽吹きの季節らしく、しその花穂とマイクロトマト、グリーンピースで、彩り豊かな盛りつけに。

3
ほたるいかの
インボルティーニ・
プリマベーラ

ほたるいかの酢味噌あえをイメージした、ほたるいかと菜の花の春（プリマベーラ）巻き（インボルティーニ）。マスタードと西京味噌のソースをディップして。

4
豚肩ロースのグリエ

炭火で香ばしく焼き上げた豚肉に、バターと生クリームのコクのなかに片浦レモンのほのかな酸味が感じられるレモンソースが好相性。毎年4〜5月頃に販売される、片浦レモンエールとのペアリングがおすすめ。

甘く、みずみずしい春野菜や早春の味覚として楽しめる山菜など、
この時期ならではの食材と心躍る色合いで、ひと皿から春が感じられる。

5
羊のナヴァラン

欧米では、春に羊を食べる習慣があることから、春にはたびたび羊料理が登場する。羊のナヴァランは、肩肉をトロトロになるまで煮込んだフランスのビストロ定番メニューで、肉の旨みがしみたチンゲンサイとかぶも美味。

6
桜鯛の塩釜焼き

主に湘南近海でとれた脂ののった桜鯛を塩釜焼きに。塩と麹、卵白に桜の花びらのパウダーと塩漬けを混ぜて華やかなピンク色に仕立てているので、お祝いの日にも人気（要予約）。日本酒やジンとの相性も抜群。

7
美桜鶏の
湘南ビアチキン

湘南ビールに漬け込んで風味とやわらかさをアップさせた鶏肉をこんがりと焼き上げ、オニオンサワークリームをプラス。チリパウダーをきかせたじゃがいもを盛り合わせ、ビールにぴったりのひと皿に。

8
抹茶の
バスクチーズケーキ

濃厚なクリームチーズと、ほろ苦い抹茶が調和してクセになるおいしさ。桜の塩漬けがアクセントになった桜のアイスクリームとキウイやパイナップルなど、季節のフルーツで春らしい色合いに。

| MOKICHI TRATTORIA | 夏の料理 | DISHES OF FOUR SEASONS |

1
醤油麹でマリネした
まぐろのタルターレ

イタリアの伝統的な料理であるタルターレを、蔵元流にアレンジ。醤油麹で旨みを引き出したまぐろに、相性のいいアボカドやトマトを合わせ、青じそを使った和風サルサヴェルデを添えて。

2
やりいかと地場野菜の
炭火焼き ハラペーニョの
ピクルスソース

炭火で焼いたやりいかをまるごと盛りつけた贅沢な一品。ピリリと辛いハラペーニョと野菜たっぷりの酸味がきいたソースで、暑い日でも食欲がぐんとアップ。

3
藤沢生豚と
パルミジャーノの
サラダ仕立てピッツァ

神奈川・藤沢で育った豚のもも肉を熟成させた生ハムと地場野菜のピッツァ。「マルゲリータが不動の1位ですが、夏は土野菜を使ったピッツァも人気です」(北)。

4
いちごのコンポート
茅ヶ崎牛乳のジェラート

敷地内に自生しているローズマリー、レモン、「風露 天青」などでマリネしたいちごに、茅ヶ崎産のしぼりたて牛乳でつくられた「PLENTY'S」のジェラートをのせ、エディブルフラワーでおめかし。

モキチグリーンマーケットの無農薬の夏野菜をはじめ、地元でとれる食材と
蔵元ならではの味を融合させ、食欲が落ちやすい夏もおいしく食べられる工夫を。

5
**新鮮野菜のバーニャカウダ
10年熟成粕のソース**

日本酒づくりの副産物である酒粕を、密閉させたタンクで10年熟成した熟成粕。彩り鮮やかで新鮮な地場野菜を、時を経て芳醇な香りとコクが加わった栄養豊富な熟成粕のソースにディップして。

6
**真だことフルーツトマトの
冷製パスタ
ソースジェノベーゼ**

やわらかくて旨みが強い夏の真だこと高糖度のフルーツトマトに青じその風味を加え、この季節ならではの冷製パスタに。細切りのきゅうりやみょうがで食感も楽しく。

7
**モキチヴルスト
特製厚切りハムのカツレツ**

やわらかな食感と味わいが引き立つ厚切りのモキチヴルストのハムに、mokichi bakerのパンドミと角食を使用した手作りのパン粉をまとわせ、カラリと揚げたハムカツは大人気メニュー。

8
**白桃のコンポートと
クレームダンジュ**

みずみずしい白桃のコンポートと、濃厚ながらふわふわと軽く、口あたりなめらかなチーズケーキを合わせたデザート。甘ずっぱく、爽やかなハイビスカスのグラニテが、ほどよいアクセントに。

野菜はモキチグリーンマーケットのものを中心に、数種類のハーブも積極的にとり入れている。

「味はもちろん、食材の香りや彩りも楽しんでいただけるように考えています」(北)

ピザ窯に1950年代に使っていた酒造りのタンクをかぶせた薪窯を使い、一枚一枚焼き上げるピッツァは絶品。定番のマルゲリータとクアトロフォルマッジのほか、季節のピッツァが人気。

| MOKICHI TRATTORIA | # 秋の料理 | ビールにも、秋限定の日本酒にも合うひと皿を。 |

1
パテ・ド・カンパーニュ

厳選した豚のひき肉と鶏レバーに熟成粕でまろやかさを加え、網脂（豚の内臓まわりの網状の脂）で包んで焼き上げた、風味豊かなパテ。大根やにんじんなど、野菜4〜5種のピクルスやフレッシュハーブとともに。

2
秋鮭カルトッチョ

塩麹でマリネした秋鮭とその日に入荷したきのこ4〜5種に、秋限定の日本酒「天青 吟望 秋 純米 おりがらみ」を振り、オーブンシートで包んでじっくりと蒸し焼きに。秋の味覚のイクラと青柚子を添えて、さらに味わい深く。

3
ほうれんそうとサルシッチャのピッツァ

モキチヴルストのサルシッチャが主役のピッツァ。「燻製したモッツァレラチーズと合わせると、さらにおいしさが増します。このピッツァには『天青 吟望 秋 純米 おりがらみ』がおすすめです」（北）

4
合鴨のコンフィ

合鴨をソミュール液（スパイスを混ぜた塩水）に2日間漬け、塩抜きしたあと、低温の油で3時間ほど煮てから焼くと完成。時間をかけることで、しっとりした仕上がりに。秋をイメージして、ぶどうが原料のバルサミコソースをかけて。

| MOKICHI TRATTORIA | 冬の料理 | DISHES OF FOUR SEASONS |

1
まぐろと冬野菜のタブレ

麦汁とバルサミコ酢を煮詰めた、コクのある自家製ドレッシングで味つけしたクスクスのサラダ。脂がのって濃厚な冬のまぐろ、アボカドとバラの形に仕上げたビーツのピクルスを重ねて、目にも楽しいひと皿に。

2
鰤のスモーク 柚子の香り

旨みと脂のバランスがとれた冬の鰤をスモークしてさらに旨みを凝縮し、紅芯大根やとびっこ、ラディッシュを合わせてサラダ仕立てに。柚子の皮と果汁に魚介のだしと白ワインを加えた、香り立つ泡をふわりとのせて。

3
鰤のグリエ ノワゼットソース

グリルした鰤と、バターを焦がしてつくるノワゼットソースに、やわらかく煮た大根やほうれんそう、しょうがをオイルで風味づけしたしらがねぎなど、冬にぐっと甘みが増す野菜を添えて。

4
牛ほほのブラザート 熟成粕風味

北イタリアの代表的な煮込み料理、ブラザート。牛ほほ肉を味噌のようなコクが出る熟成粕と煮込むのが蔵元らしさ。「熟成粕は煮込むと香りがとぶので、仕上げにも追加しています」(北)

モキチトラットリア

寒い季節には脂がのった魚やおいしさの増す煮込み料理のほか、
熟成させた酒粕「熟成粕」を使い、コクが加わった料理をラインナップ。

5
トルタ
カプレーゼ

イタリアの伝統的なチョコレートとアーモンドのケーキ。カットすると、中からあたたかいチョコレートソースがとろり。ピスタチオアイスの冷たさと交互に楽しむことができる。

6
オレンジ
シブースト
熟成粕
チョコアイス添え

爽やかに香る軽やかなオレンジのムースと、キャラメリゼされた香ばしい上面のハーモニーが魅力。熟成粕でチョコレートのコクを引き出したアイスで、深みのある味に。

1階入り口を入って左の空間、右の空間、2階、2階テラスと、場所ごとに趣が異なるので、好きな席が決まっている常連のかたも。「予約の際、場所のリクエストも可能です」(ホールチーフ・水島 功)。

4カ所に下げている照明は、ルイスポールセンの「PH5」。「北欧の照明は木々の緑との相性がいいので選びました。特に夜は光の重心が低いと居心地がよくなるので、極力低くしています」(熊澤)

ワンフロアは作業しやすいが、単調にならないよう、階段とトイレをはさんで空間を分けた。

夜が近づくにつれ、梁に日がさす。「時間の移ろいを感じられるように意識しています」(熊澤)

光によって時間の経過を感じられるとともに、日本建築のよさを生かせる格子戸を活用。

上からだけでなく、下から上に照らすフロアライトの光があると、空間に奥行きが出る。

モキチトラットリア

六章
mokichi cafe

青森の古民家が
8年の歳月を経て敷地内に移築。
熊澤家の土蔵と合体させ、
カフェを新たに誕生させた。
古いものを愛で、大切にし、
どこまでも生かして再生する。
古さがどこにもない光を放つ。
人気のフード、スイーツ、
スープ、ドリンクともに紹介。

mokichi cafe

CAFE

mokichi cafe

「ひとりで来た人でも、自分だけの居心地のいい時間を過ごせる場所」としてつくった。工房のパンやスイーツ、ヴルストも食べられる。

かつての酒蔵のような
だれもが気軽に立ち寄れる場に

　青森から鎌倉に移築された築200年の古民家の部材を縁あって引きとったあと、旧トラットリアが大雪で半壊したため、元・湘南麦酒蔵の蔵の隣に移築再生し、2015年にmokichi cafeをオープンした。mokichi baker & sweetsに生まれ変わった蔵とカフェは、中2階でつながっていて、行き来が可能。蔵と古民家をひとつの建

左頁／庭に面した窓脇の壁には、インドで古い布に刺し子刺繡を施し新たな布によみがえらせたカンタを。入り口の木漏れ日が移ろいで。　左／テーブルにした欅の一枚板は、建物の移築時に出た部材。デンマークのペンダントライトがテーブルと料理をやわらかく照らす。　右／カウンターは古材を使用。奥の厨房は増築した。　下／大きな梁は欅、横に組んだ曲がった小梁は松。腐っていた木材以外は元の梁を生かした。

物にして、新たな命を吹き込んだ。

「自社製品を生かしてつくったカフェメニューはもちろん、焼きたてのパンやスイーツ、ヴルストなど、工房でつくられた商品も楽しんでいただけます」（スタッフ・佐藤紗来）。

店内ではひとりで中庭を眺めながらコーヒーを飲んだり、2階の大テーブルで本を読んだり、友人と中2階の小部屋でスイーツを囲み、話に花を咲かせる人も。フロアごとに雰囲気が異なるのが持ち味で、それぞれ好きな場所で、好きにくつろぎながら時を過ごしている。

「昔、酒蔵は農作業を終えた近所の人が酒を飲みに来て、みんなでいろいろ話すうちにいつの間にか宴会が開かれているようなパブリックな場所で、情報や文化の広がりの中心地でした。ここで過ごしていらっしゃるかたを目にすると、その頃の酒蔵の風景に近づけているのかなと感じます。今後も気軽に立ち寄れて、ときにはイベントなど、暮らしが豊かになることを発信する場にしたいですね」（社長・熊澤茂吉）

上／2階の一角はブックカフェになっていて、本棚に食や暮らしに関する書籍が。　右／昔、養蚕農家で使っていた糸巻きの一部を窓際に。すべて購入可。　下／2階の席は立派な梁を横から見ることができる。

テーブル横には、ベーカリーになった蔵2階の開口部が。テーブルは、茅ヶ崎にあった日本精麦（現・モキチフーズガーデン）にあった昭和初期のテーブル2台を合体させ、再利用した。

壁の木材は、古民家の畳の下に敷かれていた荒板。「製材する機械がない、手作業だった頃のものなので曲がっていますが、かえって豊かさを感じます」（熊澤）。棚に並ぶのは日本や北欧、アフリカなどあらゆる国の古道具。

SHOP

蔵元直売所 地下室

日本酒からビール、ジン、ウィスキーまで、熊澤酒造のお酒類が全ラインナップそろっている。2020年、日本酒の日(10月1日)のオープン以来、多くの人々が訪れている。

上／okeba gallery & shopの作家の一人で、帽子作家・写真家の黒田真琴さん(p.168)の写真を常設展示。 下／「天青」以外に、一般流通品の日本酒「熊澤」「湘南」なども購入できる。

上／1950年代のアメリカの自動車メーカーの原寸カタログを額装。　右下／コイン式のサーバーで、6種類の日本酒を試飲できる。

試飲コーナーのテーブルの天板は、菅原通済邸移築の際に引きとった木の扉。"空飛ぶ円盤"と称されるアクリルの照明は、1960年代のフィンランド製。

熊澤酒造で醸造・蒸留される酒がすべてそろう販売所

　mokichi cafeのカウンター近くにある短い階段を下りると、酒が並ぶ大きな冷蔵庫があらわれる。蔵元直売所 地下室は、熊澤酒造で醸造・蒸留される日本酒、ビール、クラフトジン、ウィスキーが勢ぞろいする空間。レストランで飲んで気に入った酒を購入する人や、家族や友人への贈り物を探す人たちが次々に訪れる。

「以前はカフェの客席、その後はワークショップの開催やお子さんの遊び場として使えるフリースペースになり、2020年に直売所としてオープンしました。各レストランでもお酒は購入できますが、スペースに限りがありますし、お酒やビールの購入が目的のお客さまがふえてきたこともあって1カ所にまとめました。遠方からお越しくださるかたも多く、最近は海外からのお客さまにもご利用いただいています。全国への配送も対応しています」（マネージャー・酒井康平）

　専任の販売スタッフが常駐しているため、贈る相手や自分の好みを伝えて相談にのってもらうことも可能。迷ったらソファにゆったりと座り、試飲（有料）することもできる。

　ほどよくおこもり感のある居心地のいいスペースで、思う存分、買い物を楽しんで。

| MOKICHI CAFE | フード | REGULAR FOOD |

1

蔵元カレー

モキチヴルストで使用している豚ひき肉と湘南ビールを贅沢に使って煮込んだ、熊澤酒造ならではのカレー。アクセントに加えた生姜の香りとビールのコク、粗めのひき肉で食べごたえ抜群。
※現在は白米に変更。

2

ヴルスト特製ホットドッグ＋コーヒー

自社製ソーセージを、焼きたての自社製パンにはさんだ。味つけをケチャップとマスタードピクルスだけとシンプルにすることで、ソーセージの芳醇なおいしさをしっかりと楽しめる一品に。ビールを飲むかたや、子どもたちにも人気。

モキチカフェ　　　　140

しっかりと食べたいならカレーを、軽めでいきたいなら焼きたてパンを使ったメニューを。
天気がよければ中庭のベンチで、季節の日ざしと自然を感じながら、ビールで乾杯！

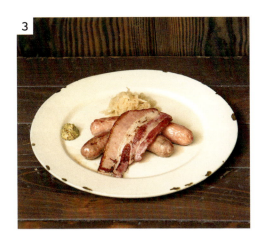

3
モキチヴルスト盛り合わせ

自社製のヴルスト商品を堪能することができるひと皿。2種類のソーセージとベーコンに、ザワークラウトを添えて。ビールがすすむ一品。
※現在は自社製の紫キャベツのピクルスを使用。

4
ヴルスト特製BLTサンド

自社製のベーコンをおいしく味わうために考案したサンド。旨みあふれるベーコンに、シャキシャキ食感のレタス、角食パンの甘みが絶妙なハーモニー。老若男女問わず、すべての人に愛される一品。

5
焼きたてパングラタン

ベーカリーカフェの強みを生かした、冬季限定メニュー。「見た目のインパクトは重視しつつ、パン自体のおいしさを味わえるよう、器ごと食べられるグラタンにしました」（パン製造責任者・赤池 紳）

6
焼きたてクロックムッシュ

もともとベーカリーの人気商品だったところ、お客さまからのリクエストで、温かいまま食べられるようにカフェメニューとしてリニューアルしたもの。不定期メニューなので、あればラッキー。

141

| MOKICHI CAFE | スイーツ&
スープ・ドリンク | REGULAR SWEETS &
SOUP, DRINK |

1
**酒粕
ティラミス**

ペースト状にした酒粕をティラミスクリームに混ぜ込み、自社製のフランスパンに27 COFFEE ROASTERSのエスプレッソをしみ込ませた、mokichi cafeらしさが詰まった定番人気スイーツ。

2
コーヒーゼリー

27 COFFEE ROASTERSのオリジナルブレンドコーヒーを絶妙の濃さで抽出し、甘さ控えめに仕上げた新しいメニュー。上にはアーモンドとくるみ、モルトを隠し味にしたコーヒークロッカンと、バニラアイスをのせて。

3
甘麹と白桃のタルト

旬の白桃をふんだんにのせ、みずみずしく仕上げたタルト（期間限定）。白桃は日本酒「風露天青」を使ったシロップで煮て、コンポートに。「季節の食材を生かしたケーキは今後も提供していく予定です」（製造スタッフ・村岡美里）

4
**本日の
シフォンケーキ**

ふわふわでもっちりとした生地が好評のmokichi cafeの定番人気スイーツ。今は紅茶のシフォンケーキ（写真）とバニラのシフォンケーキの2種類がある。生クリームをたっぷりと添えて。

酒粕や麹、ビールなど蔵元らしい食材を生かした、定番人気の通年スイーツから、
期間限定の旬のスイーツまで楽しめる。季節に合ったスープやドリンクも充実。

5
蔵元熟成
生ショコラ

「10年熟成させた酒粕（熟成粕）をチョコレートに混ぜ込み、ていねいに仕上げました」（村岡）。ほのかにお酒の香りがふわりとして、華やかな味わいにファンが多い。冬季(12〜3月)限定提供の予定。

6
湘南ビール
アイス

湘南ビールの定番人気商品「シュバルツ」を使用して、茅ヶ崎の人気ジェラート店「PLENTY'S」に特注してつくったオリジナルアイス。シュバルツの香ばしさが、アイスになっていて新鮮。

7
ミネストローネ

「春キャベツの豆乳スープ、オニオングラタンスープなど、季節ごとにパンに合うスープを考案しています」(佐藤)。このミネストローネは、大きめの角切り野菜に自社製のヴルスト、隠し味に自社製塩麹を使っている。

8
熟成粕ラテ

10年ねかせた熟成粕をペースト状にしてエスプレッソに混ぜ、スチームミルクを注いだ。「熟成粕のチョコレートのような芳醇な香りとほのかな酸味が、中煎り豆の柑橘系の酸味とマッチしました」（スタッフ・長崎博美）

モキチカフェ

七章

mokichi baker & sweets + wurst

熊澤家の土蔵を
曳家して建物を高くし、
ベーカリーショップとして再生。
隣にはパン工房、
カフェの奥にスイーツと
ヴルストの工房を増築し、
自社商品の製造機能を集めた。
パン、スイーツ、ヴルスト——、
クラフツマンシップ実践の場に。

SHONAN

MOKICHI BAKER&SWEETS+WURST

→ HOW TO MAKE / BREAD

パンづくり

•

baker

明け方から焼き始め、約50種類並ぶパンは、
夕方には売り切れることも多いほどの盛況。
ビールや日本酒、酒粕を使ったパンも人気。

パン職人6名のうち4〜5名が交代で
製造にあたり、生地の仕込みや成形、
あんなどフィリングの充填、焼き上げ
を担当。　下／発酵を促すパンチとい
う作業のあと、丸く成形する。

モキチベーカー＆スイーツ+ヴルスト

カンパーニュのひとつ、「くるみといちじくのパン」の生地を分割。「カンパーニュの生地には、少量ですがビールを使っています」（赤池）

伝統の味や蔵元らしさを
大事にしながら挑戦を続ける

　熊澤社長が地ビールの勉強で訪れたドイツでの体験をヒントに、ビールの醸造過程で出る栄養価の高いビール酵母を使い、2000年にスタートしたパンづくり。昭和初期につくられた土蔵にあるmokichi bakerには夜明け前から香ばしい香りがただよい、オープンの10時になると、平日でも店内はすぐ人でいっぱいになる。

　店頭に並ぶパンは、50種類ほど。種類が多いため、まだ暗い朝4時ごろから休みなく焼き続け、オープン時に7割ほどがそろう。

　「ビールや日本酒、酒粕や熟成粕を使ったパンはもちろん、ビールや日本酒と相性のいいパンも多数あります。ずっとつくり続けてきた味や蔵元らしさは大事にしながら、お客さまに喜んでいただけるような新たな味への挑戦も続けていきます」（パン製造責任者・赤池 紳）

上・左／厨房は中庭に面していて、窓から緑の木立が見える。「だんだん紅葉していく様子や木々に雪が積もった様子が作業のとき視界に入って、季節をダイレクトに感じられるところがいいですね」(赤池)。　下／一日に20本前後焼き上げる「角食」は、近所のかたが日々食べるパンとして人気が高く、買い求める人が開店直後から次々と訪れる。

→ HOW TO MAKE / WURST

「地元の食文化を残したい」
という強い思いが始まり

　2009年、茅ヶ崎市内の飲食業と農家のマッチング企画に熊澤社長が参加した際、近隣には2軒の養豚業者がいて、自然のなかでストレスのない腹飼い（家族とともに飼育すること）をして良質な豚を育てていること、高齢化や安価な輸入肉の影響で廃業の危機にあることを知る。そこで「地元の食文化を残したい」と意を決し、モキチヴルストを立ち上げる。数年後に残念ながら廃業となったが、その思いは、現在、酒米プロジェクト（p.38）に引き継がれている。
「ドイツのソーセージがベースなので、ビールとの相性は抜群。今後はより蔵元らしい商品をつくるのが課題です」（製造責任者・穂坂博聡）

ヴルスト
づくり
・
wurst

mokichi cafeに併設する
モキチヴルストは、
2009年誕生のソーセージ工房。
厳選肉を使ったベーコンや
ソーセージを手作りしている。

左／羊腸にミンチを詰めていく。3名の職人で全商品を製造。　右／ポークジャーキーはスライスして味つけした豚ロースを、スモークして香りづけする。

→ HOW TO MAKE / SWEETS

下／アールグレイの茶葉を濃く抽出し、生地に混ぜ込んだ「紅茶のシフォンケーキ」。　右／「酒粕とチョコのパウンドケーキ」は酒粕を加えた生地にガナッシュを入れてさっと混ぜ、マーブル状に。

スイーツづくり
•
sweets

蔵元ならではの食材の味や香りを生かすよう、試作をくり返して生まれる"発酵スイーツ"はほかにはないおいしさでファンが多い。

この敷地の雰囲気に合う、味わい深い"発酵スイーツ"を

　mokichi cafeのなかにある小さなスイーツ工房では、3〜4名の職人が日々、カフェのスイーツやmokichi baker & sweetsの持ち帰り用、各レストラン用のスイーツをつくっている。
　始まりは1996年、幼少期からお菓子づくりが好きな蔵元夫人がMOKICHI TRATTORIAの前身のビアレストランのために考案したデザート。それが評判になり、現在のスイーツづくりにつながった。当時のレシピを受け継ぎながら、ほかのレストランと同様に酒やビール、副産物である酒粕やモルトを使っているのが特徴。主張をほどよく抑えるため、酒粕には乳製品、熟成粕にはチョコレートと、相性がいい食材を合わせて、ほんのり香るように工夫している。
「緑が多く、古い建物が並ぶ敷地が好きで訪れるかたも多いので、旬や発酵の食材だけでなく、この場に合う味わい深いスイーツを考えていけたらと思います」（製造スタッフ・村岡美里）

SHOP
mokichi baker & sweets

風格のある土蔵の店に、パンやスイーツ、ヴルストなどを求める人たちがひっきりなしに訪れる。おみやげとして買うだけでなく、中庭のテラスで食べることもできる。

職人たちが手作りする
パンやソーセージがそろう

　大正初期に熊澤家の脇に建てられ、長らく重要な書類などをしまっておく役割を担っていたという土蔵。歴史を感じる入り口から店内に入ると、ずらりと並ぶパンとその香りに多くの人が思わず笑みをこぼす。

　mokichi baker & sweets は、2000年に現在のビール工場がある場所の一角にオープン。敷地内で移転し、2015年に再オープンした。スイーツやヴルスト、酒粕を使った商品なども販売していて、レストランの食事帰りに立ち寄る人も多い。今後は、自社米を精米してつくる米粉を使ったパンやスイーツも登場予定だ。

左／オープン時には7割ほど、発酵時間と焼き時間が長いパンドミなど残りの3割がお昼前後に焼き上がる。　**右**／冷蔵コーナーには、スイーツやヴルスト、酒粕商品など販売している商品がほぼそろう。

BREAD
パン
人気 Best 10

オープンの10時に合わせ、
焼きたてのパンが店頭に並ぶ。
定番の40〜50種類のほか、
季節限定商品も4〜5種類ずつ販売。

No. 1　レザンノア

フランス語でレザンは「レーズン」、ノアは「くるみ」。レーズンとくるみを混ぜ込んだ、レストランでも提供する人気のハードパン。かむほどに、深い味わいが広がる。

No. 2　クロワッサン

フランス語で「三日月」の意。発酵バターを贅沢に使用して、やや大きめサイズに焼き上げた一品。卵不使用なので、卵アレルギーの人にも安心しておすすめしている。

No. 3　角食パン

ふたをして焼き上げる、定番人気の角型食パン。外はカリッと香ばしく、中はしっとりとした生地と上品な甘みが魅力で、そのまま食べてもおいしい自信の一品。

No. 4　パンドミ

砂糖や油脂が控えめな分、小麦粉の香りが高く、やわらかくもっちりとした生地の食感にファンの多い山型食パン。角食パンとともに、大人気の食パン。

No. 5　酒粕あんパン

自社製の酒粕を練り込んだ独特の甘苦さのある生地のなかに、ほどよい甘さの粒あんをたっぷりと包んで焼き上げた。おやつ時間にもどうぞ。

モキチベーカー＆スイーツ＋ヴルスト

No. 6　焼きカレーパン

揚げることはせず、焼くことでさらにヘルシーに仕上げた定番のカレーパン。具のカレーは辛さも控えめなので、子どもや年配のかたたちにも好評。

No. 7　酒粕チーズフランス

酒粕特有のチーズ感を生かして、贅沢に仕上げた一品。夏の時期は枝豆を練り込んだパン生地に変わり、さらにビールに合う商品になっている。

No. 8　ベーコンエピ

フランスパン生地でつくった、ベーコンのカリッとした食感と黒胡椒のきいたシンプルな麦の穂形のパン。オーソドックスゆえ、根強い人気を誇るロングセラー。

No. 9　熟成酒粕ロール

自社製の酒粕を熟成させた黒い熟成粕と、アーモンドクリームを生かしたロールパン。チョコレートのような甘みとくるみの香ばしい苦みが絶妙の組み合わせ。

No. 10　パン・ア・ラ・ビエール

自社のビールをパンの仕込み水としたハードパン。タイガーブロートの生地の表面と、ビールの味をダイレクトに感じることができる代表的な商品。

WURST
ヴルスト
人気Best 5

地元・養豚業者への思いから
2009年につくり始めた
ビールに合うヴルスト。
自慢のラインナップを紹介。

No.1　プレーンソーセージ

スパイスを使用していない、粗挽きのスモークソーセージ。家では弱火で3〜4分ゆでてから湯きりしたら、フライパンで香ばしく焼くのがおすすめ。肉の旨みを楽しんで。

No.2　バジルソーセージ

MOKICHI TRATTORIAやMOKICHI FOODS GARDENなど自社レストランでも人気のソーセージ。バジルにレモンをきかせて、さっぱりと仕上げた味はクセになりそう。

No.3　ベーコン

桜チップを使用し、バラ肉をジューシーで香り豊かに仕上げた自慢のベーコン。自社レストランのメニューやmokichi cafeの「BLTサンド」などにも使用している。

No.4　塩麹ソーセージ

酒蔵で自社製造した麹を使用して引き出した、肉の旨みとなめらかな食感が特徴の一品。塩麹による塩味と旨みのバランスがとれた、蔵元らしいソーセージ。

No.5　クラカウアーソーセージ

豚粗挽き肉100%でつくったソーセージで、ゴロゴロとした肉の食感とスパイシーな香りが魅力の一品。ほどよい甘みと芳醇なバターの香りが、ファンに人気。

SWEETS
スイーツ人気Best 5

蔵元夫人で料理教室主宰の熊澤由布子をはじめ、スイーツのスタッフが改良を続けるスイーツの数々。

No.1　ネージュ

ほどよい甘さと芳醇なバターの香りが人気のmokichi baker & sweetsのロングセラー商品。アーモンドの香ばしさとサクサクの食感がアクセントになっている。

No.2　酒粕パウンドケーキ

ペースト状にした酒粕を生地に混ぜ込んでいる。酒粕がやさしく香り、生地にちりばめられた栗と小豆が酒粕のおいしさを引き立てる。

No.3　酒粕クッキー

酒粕を生地に練り込み、旨みのあるフランス・ゲランドの塩を振りかけて焼いた、甘じょっぱいクッキー。酒粕を入れた焼き菓子特有のチーズのような味わいを楽しんで。

No.4　酒蔵ショコラ

ビターチョコレートに酒粕と10年熟成の熟成粕を合わせた。熟成粕の香りがビターチョコレートと相性抜群で、しっとりとした食べごたえのある商品。

No.5　バニラシフォンケーキ

もち粉を使った生地がふわふわで、しっとりとしたケーキ。バニラをふんだんに使用しているので、香りも抜群。そのまま食べても、生クリームを添えても。

八章
okeba gallery & shop

紙や木材、ガラス、金属、
陶土や革、麻や綿、
タイヤチューブなど
自分の素材と向き合い、
独自の作品へと
昇華させる作り手たち。
昔、酒樽を修繕した桶場が
真摯な作家を応援する
発信の場に生まれ変わった。

okeba
gallery&shop

左／古いガラス戸は、かつて茅ヶ崎で「キッコークマ」という名称で醤油を製造していた熊澤醸造が閉業する際に譲り受けたもの。　下／高い位置に並んでいる古い桶。持ち手つきの暖気樽(だんきだる)は冷水や湯を入れ、日本酒のもとになる酒母のなかに入れて温度管理を行う道具。

SHOP
okeba gallery & shop

酒造りの道具を製作・修繕する桶場が、ものづくりをひたむきに続ける作家たちのギャラリー＆ショップとしてよみがえった。人と作品、地域をつなぐ、ものづくりの交流の場。

上／古道具は随時入荷。　右／入ってすぐのギャラリースペースは、杜氏の分析室と宿舎だった場所。

酒造りの道具をつくっていた場で
湘南地域の作家の作品と出会う

　敷地の奥に大正末期頃に建てられ、酒造りで使う桶や道具をつくり、修繕をする工房＝桶場として使われていた建物がある。その場所に2011年1月、okeba gallery & shopが開店した。

　見通しのいい空間には、湘南地域の作家28名を中心に、ひとつひとつつくった陶器やガラス、木工や革、藍染めなどの作品が並んでいる。古道具や古本の販売のほか、月に2会期、ギャラリースペースで作家展を開催している。

　「新しい価値を発見できる場所、新たな何かが生まれる場所と思っていただけるような空間にしたいと考えています。そして、いいものを永く楽しんで、古いものを大切に使うかたがふえたらうれしいです」（スタッフ・渡邊ゆみ）

左／熊澤酒造のレストランのサロンも制作する、「LITMUS Indigo Studio, Japan」のTシャツやストール。　上左／真鍮(しんちゅう)やアルミでアクセサリーやオブジェをつくる「コナヤ」。　上右／鵠沼(くげぬま)海岸で花屋を営む「草原舎」の作品。　下／「KURAKURA storehouse」白倉えみさんが展示の準備中。

SHONAN

OKEBA GALLERY & SHOP

左上／タンニン革や麻糸などの自然素材を使った「mar works」のレザーシューズ。 左・右上／「PONNALET」はカンボジアの手織りコットンやラオスのシルクで着物や帯、ストールなどを制作している。この日は展示開催中で、着物の上にはおれる服やバッグも並んだ。 左下／「ipada」の濱舘寛さん、村木未緒さんによるガラスのカトラリーレストと箸置き。 右下／同じ真鍮ながら、さまざまな風合いが感じられる小原聖子さんのブローチ。

161

SHONAN

OKEBA GALLERY & SHOP

上／以前は蔵人の寝床として使われていた2階の和室を、古道具のスペースに。　左・下／古い家の解体で引きとったものや仕入れ商品のほか、店舗をリニューアルする際、それまでディスプレイに使っていたものが並ぶことも。たびたび入れ替わるため、いつ訪れても宝探しのような気分で楽しめる。

オケバギャラリー＆ショップ

上／関東大震災後、木造から一部、鉄骨造に。階段を上がると絵本を中心とした古本コーナーがあり、右手の小部屋が古道具スペース。　下／「わが家の子どもたちに妻が読み聞かせていた古い絵本にハマってしまい、2階に絵本コーナーをつくり、今は仕入れも担当しています」（熊澤）。

SHONAN

OKEBA GALLERY & SHOP

> EVENT
> # くまざわ市
> 〈二月〉
>
> 作家たちによる作品やサンプル品、蔵出し物や古道具、野菜や花々が敷地いっぱいに出店する。屋台やカフェの限定メニューも登場。

春の兆しを感じる2月中旬、2日間にわたって開催。酒造りの時期なので、敷地内には米を蒸す甘い香りが漂う。作家とものづくりの背景、農家さんと野菜の調理法など、いろいろな話をしながら買い物を楽しめる。

くまざわ市

熊澤酒造のイベントには欠かせない屋台も登場。酒やビール片手に掘り出し物について語らう大人だけでなく、お気に入りのおもちゃを見つけて喜ぶ子どもの姿も。

あらゆるものやこと、人との出会いが楽しめるマーケット

「暮らしにつながるものやことの魅力を伝え、いっしょに楽しみたい」という思いから開かれるくまざわ市は、okeba gallery & shop と mokichi cafe が共同で開催するライフスタイルマーケット。元は30年ほど前、古道具が大好きな熊澤社長がアンティークショップの店主に依頼して MOKICHI TRATTORIA の前身のレストランで開いた骨董市が始まりで、それが2016〜2019年に開催していた秋の「どんぐり市」になり、さらに形を変え、2023年2月に再スタートした。

クラフトブースには、熊澤酒造に縁のある作家の趣味のコレクションや少しだけ傷やゆがみがあるクラフト作品、古道具、モキチグリーンマーケットの無農薬野菜、植物など多彩な品々が大集合。mokichi cafe ブースにはフードやスイーツのほか、2023年は米麹を使った甘酒も登場。この日だけの出会いを楽しみに、足を運びたい。

左／通常営業の mokichi baker & sweets+wurst ではイベント限定パンを発売。2023年は「蔵元生食パン」のサンドイッチ、酒粕使用の「蔵ワッサン」が。　右／器やおもちゃなどの日用品も。

okeba gallery & shop

常設作家・アーティスト

ギャラリーの個展や店舗で
長くとり扱っている
常設作家とアーティストは
現在、28組になります。

アウイ アオ デザイン
AUI-AO Design〈紙雑貨〉

手書きを基本コンセプトにしたペーパーアイテムから、パッケージやロゴのデザインワーク、大磯活版発信室の工房まで運営するデザイン事務所。（https://www.aui-ao.jp）

アトリエ コワン
atelier coin〈時計〉

2003年から腕時計を中心に、時にまつわるさまざまな作品を制作。月日とともに経年変化していく素材の味わい深い表情が楽しめるように心がけている。（@ateliercoin）

イ パ ダ
ipada（濱舘寛・村木未緒）〈ガラス〉

「素材のもつ美しさをシンプルに引き出す」という理念のもと企画・デザイン・制作する、ガラス作家2人によるガラスプロダクトのブランド。（https://www.ipada.net）

ウー
WOO〈テキスタイル〉

自然や景色、旅の記憶からヒントを得て模様をデザインし、さまざまなプリント技法で生地に写しとり、その生地で洋服や小物に仕立てている。（@wootextiles）

遠藤マサヒロ〈木工〉

「カッコいいものより心地いいものを」という想いを込め、さまざまな種類の木や古材を使い、暮らしの器や道具を海の近くのアトリエで制作。(@atelier_turn)

大谷佳子〈鋳造ガラス〉

ガラス鋳造技法(パート・ド・ヴェール)の特徴を生かした、光を内包するようなやわらかい美しさをもつ照明や器を制作している。(https://www.otaniyoshiko.com)

岡村友太郎〈陶器〉

平塚市にある工房で、粘土で陶器の器を制作。食卓が楽しく豊かになる、クスッと笑ってもらえるようなハッピーな器をつくりたいと思っている。(@tomotaro99)

小原聖子〈金工〉

主に真鍮を素材とし、アクセサリーやアートピースを制作。手にとる人の想像がふくらむような、素朴な造形をかたちにしている。(@obaraseiko)

加藤亜希子〈陶器〉

タタラづくりや手びねりで、陶器の器を制作している。多少のゆがみや手作りの温かみを大事にし、色を使ったり、模様を描いたりする器も多い。(@atelier_nene)

加藤晶子〈絵本〉

ページをめくるワクワクや驚きを詰め込みつつ、絵本のなかの出来事が日常のふとした瞬間に流れ込んでくるお話をめざしている。(https://www.atelier-mekuru.com)

金子典生〈イラスト〉

作品を制作するときは、シンプルでいてどこか懐かしい、レトロな雰囲気をもったイラストレーションをめざしている。オリジナルグッズも展開。（@flip_illustration）

キカキカク〈陶器〉

染め付けという伝統的技法で絵付けを施した生地をガス窯で30時間近くたっぷりと焼成し、しっとりとした質感やクリアな色みに焼き上げている。（@kikakikaku_ig）

銀河通信社〈科学・工作〉

アーティスト・小林健二設計＆監修の科学と融合したアイテムを主に制作。鉱石のような結晶体を育成できる「結晶育成キット」も人気。（https://www.aoiginga.com）

KURAKURA storehouse 白倉えみ〈陶磁器〉

器から造形物まで、磁土と陶土で焼き物を制作。普遍的な美しい形や楽しいもの、ささやかなアートのようなものをつくりたいと思っている。（@kurakura_storehouse）

黒田真琴・旅する帽子屋 pájaro〈帽子・写真〉

旅をインスピレーションに心躍るような帽子を制作。写真家としても活動しており、蔵元直売所 地下壱にモノクロ写真を常時展示している。（@makotokuroda）

gunung〈アップサイクル〉

使い古された自転車のタイヤチューブや廃部品など、本来なら捨てられてしまうものを素材にして、バッグやステーショナリーなどをつくっている。（@gunung）

gunung-life〈布物〉
(グノン ライフ)

使うごとに着るごとに心地よく暮らしになじんでいく、綿や麻などの天然素材を使い、シンプルな洋服や小物を制作している。（@gununglife）

高根友香〈版画・絵画〉

作品のモチーフは、花や虫など主に自然界。「自然界のカタチは美しすぎて、いつもうっとりしてしまいます」。常設作品は紙版画と紙雑貨が多い。（@yukatakane）

詫摩まり〈ガラス〉

酸素バーナーでガラスを溶かして形づくるランプワークという技法を用い、指輪やピアス、イヤリングなどのアクセサリーを制作している。（https://maritakuma.com）

tanetane〈彫金・草木染〉
(タネタネ)

草木で手染めした天然素材の生地を使った服や小物、シルバーや真鍮、銅を組み合わせたアクセサリーを制作。すべての工程を2人で行っている。（@tanetane_works）

nim〈革物〉
(ニム)

主に革を用いたバッグや小物を制作。ペイントやエンボス、ステッチワークなどの加工を施しながら、「持って使って心地いい」ものづくりを心がけている。（@nimbag）

ノグチナミ〈イラスト〉

布用の絵の具とクレヨンを使い、Tシャツやバッグなどに直接描いている。オクトーバーフェストでは、ビールにちなんだグッズ展を開催している。（@noguchinami）

福月洋装店〈洋服〉
ふくつき

長く愛される、つくりのしっかりとした「ヒトヒネリ有る」服を制作。綿や麻の天然素材を使い、デザインから縫製までていねいに仕立てている。（@fukutsukiyousouten）

black coffee〈ガラスアクセサリー〉
ブラック コーヒー

ガラスという素材を生かし、ふだんでもお出かけでも、「身につけると、ついウキウキする」アクセサリーをつくっていきたいと思っている。（http://www.blackcoffee.jp）

mar works〈靴・革物〉
マール ワークス

靴や革ものは端も捨てることなくすべて使い、世界でたったひとつのモノに生まれ変わる。使うごとにツヤや味が増し、使い手のものとなる。（@mar.works）

宮崎和佳子〈陶器〉

薄くスライスした陶土を立ち上げる「板作り」技法を用い、カーブのふくらみを生かしながら、食器や花器などを制作している。（https://www.miyazakiwakako.com）

もののめや〈古道具〉

古道具のセレクトを担当。作家さんの作品がさらに引き立ち、訪れる人に楽しんでもらえるよう、国や年代にこだわらず心惹かれるものを集めている。（@mononomeya）

LITMUS Indigo Studio, Japan〈藍染〉
リトマス

藍色を生み出す昔ながらの染色技法「灰汁発酵建」に、熊澤酒造の清酒「天青」を使って、日本の藍色を表現。（https://litmus.jp/）（@litmus_indigo_studio_japan）

九章
香川以外のレストラン、保育園

茅ケ崎駅近くの
モキチフーズガーデン、
藤沢駅前にある
モキチクラフトビア、
鎌倉・長谷に開店した
モキチカマクラ。
そして香川の裏山にある
ちがさき・もあな保育園。
さらに、さまざまな拠点を紹介。

CHIGASAKI

MOKICHI FOODS GARDEN

SHOP

MOKICHI FOODS GARDEN

酒蔵のある香川をとび出し、初めて違う土地でフルリノベーションして再生させた一大プロジェクト。エポックメイキング的なレストランに。

精麦工場時代の機械とヤシの木が目印。100名以上のパーティも可能。照明はルイスポールセンの「メモリー」。両家の祖父たちの蔵書の保存活用のため、大きな本棚を製作した。

上／テラスの緑を眺めながら食事を。　下／併設のBaker's Cafeでは香川と異なる生地を使ったmokichi baker & sweetsのパンが食べられる。

戦前から続く木造の精麦工場を
気軽に立ち寄れるレストランに

　JR茅ケ崎駅北口から徒歩5分。2005年3月、1895年創業の精麦会社「日本精麦」の工場跡にMOKICHI FOODS GARDENがオープンした。

　日本精麦が移転すると聞いたとき、「歴史を感じる建物がもつ空気感が好きで、元々この場所に思い入れがあった」という熊澤社長が、父親が経営するスポーツクラブと共同でこの地を引き継ぐことを決断した。

　木造の工場をそのまま再利用した空間は、天井が高くて開放感抜群。「大空間でも、お客さま全員に一体感が生まれるような雰囲気を出したい。それを頭におき、味はもとより、会話につながり、楽しさが記憶に残るようなメニューを意識しています」（キッチンチーフ・小原 功）

上／テーブルはデンマーク、椅子は旧西ドイツのスクールチェアが中心。個室には職人による手描きの鯉のぼりを。「この空間に合わせて、胴体を額装して飾りました」（熊澤）　**下左**／絵本コーナーも。**下右**／店内の絵はすべて、茅ヶ崎で画家として活動している岡本浩二さんの作品。

| MOKICHI FOODS GARDEN | 料理 | 石窯焼きの本格的な
ナポリピッツァが名物。 |

**蔵元厳選豚の
湘南ビール煮込み
熟成酒粕風味** | 半日仕込みの豚肉は口に入れるととろけるほどやわらか。熟成酒粕で奥深い味わいに。

**マルゲリータ
SP（スペシャル）** | フレッシュモッツァレラのクリーミーな口溶けが特製トマトソースとよく合う。

モキチセット | ピッツァ、パスタ、牛ステーキや仔羊のグリルなどの肉料理など、メイン料理にサラダがつけられる土日・祝日ランチ限定のお得なセット（ドリンクは別料金）。

湘南地域の中心・藤沢に開店。
湘南ビールが日常的に楽しめる、
クラシカルな雰囲気のビアパブ

RESTAURANT
MOKICHI CRAFTBEER

最大12種類と日本でいちばん充実した「湘南ビール」の専門パブ。ふらり立ち寄り、ぐいっと飲んで食べて、ワイワイ楽しむカジュアルさは、湘南らしいビールの聖地。

サーバーからは定番や季節限定品が最大12種類飲める。「湘南ビールはもちろん、日本酒に合う料理もご用意しています」（サブチーフ・高橋将太）。1階カウンターの椅子は、アメリカのミシンメーカー「シンガー」の工場で使われていたヴィンテージ。

上／昔、粕取り焼酎づくりに使っていた道具をオブジェに。　右上／衣に自社の黒ビールを加え、外はカリッと中はフワッと仕上げた鯰(なまず)のフライに、自家製タルタルソースを添えて。ヘイジーIPAとも相性◎。　下／2階には広々空間が。

　MOKICHI CRAFTBEERは2011年9月、JR藤沢駅南口から徒歩2分の場所に開店した。
「当時、ギフト需要が多かった湘南ビールを、ふだんの生活にもっと密着した存在にしたいと考えていました。そこで、繁華街にあるとはいえ、クラシカルな雰囲気のこのビルにポテンシャルを感じ、選びました」（社長・熊澤茂吉）。
　熊澤酒造で唯一ビルに入った店舗だが、酒造りで使われていた道具や古道具が配され、酒と料理をゆっくり楽しめる空間になっている。
「地元の有機野菜と近所の魚屋で仕入れる鮮魚を使っており、魚は調理法を選んでいただけます。ビールを使ったフォカッチャや豚肉の煮込みも人気です」（キッチンスタッフ・内田宏明）

RESTAURANT
MOKICHI KAMAKURA

廃墟のようだった歴史的建造物を譲り受け、修復から改築、再生するまで、職人さんたちと6年もの歳月をかけてコツコツと根気強く続けた、その結晶のレストラン。

モダン・クラシカルな空間で味わう蔵元らしい発酵×ハーブ料理

　長谷大仏と大仏坂トンネルの間にある、鎌倉市民体育館として親しまれていた洋館。この建物が2022年12月、MOKICHI KAMAKURAとして生まれ変わった。元は1936（昭和11）年に「神奈川県営湘南水道鎌倉加圧ポンプ所」として建てられ、熊澤酒造がある香川の隣町の寒川から鎌倉、葉山方面まで水を供給していた。1961年に役目を終え、体育館として使われたあとはしばらく廃墟のようだったが、6年にわたる修復・再生期間を経てオープンした。

　ポンプ所の歴史的遺構である高い天井や梁、白を基調とした内装、アンティーク家具が織りなす空間はヨーロッパの教会のよう。材木座に

上／外壁のスクラッチタイルは、極力そのまゝ生かした。　下／店内奥正面には、ひときわ印象的なアールデコ調の石の階段が。シャンデリアはイタリア製。上階はパーティや特別な日の個室。

壁の時計はフィンランド製の公共用。冬の午前中の日ざしが神聖な空間をつくり出して。

あった昭和初期の洋館のガラス戸が間仕切り用の建具に、床材がカウンターになったりと随所に生かされ、この場所でより趣を醸している。
「裏山につくったハーブガーデンの約30種類以上のハーブを主軸にしたメニューが自慢です。蔵元らしさ×発酵×ハーブを意識しながら試作をくり返して、五感で楽しめるメニューをめざしています」(キッチンチーフ・大平 奨)

HASE

MOKICHI KAMAKURA

モキチカマクラ

180

高さ7mほどの大空間。テーブルは古材と洋館に使われていた角材を合わせて制作したオリジナルで、椅子はイギリスのヴィンテージのスクールチェア。

上／風呂場だった半地下の空間は、子ども連れに最適。穴蔵のようなスペースがキッズルームになり、好きな絵本を選んで読むことができる。　右／照明はデンマークのアンティーク。「神聖な雰囲気をもつものを選びました」(熊澤) 下／2階の壊れていた丸い窓は修繕し、オリジナルを再現。腐っていた扉は塗装し直し、新たに真鍮のドアノブをつけてよみがえらせた。

上／ハーブと発酵食材をはじめ、神奈川の銘柄肉や湘南を中心とした地場産の野菜を使用。イタリアンやフレンチをベースに和食の要素もとり入れている。ピザ窯は以前、熊澤酒造のレストランで使っていたもの。　下／器は料理が引き立つようシンプルなものを。

| MOKICHI KAMAKURA | ランチコース | LUNCH COURSE |

平日限定ランチコース

1／ハーブプラントをイメージした前菜・Plantは「ひよこ豆のフムス 季節のドレッシング」 2／「マッシュルームスープ」と「バゲット」 3／メインは「熊澤厳選鶏 タヒニソース」 4／パスタは「しらすのロザマリーナ」 5／スイーツは「フロマージュ・クリュ」 6／ハーブティーは「リラックス」「ビューティ」「リフレッシュ」「ヘルシー」の4種類から選べる。
※季節によって異なる。

上・下／児童遊園だった土地をハーブガーデンに。レモングラス、ローズマリー、エルダーフラワー、ミント、柑橘類など30種類以上を栽培。そのハーブを生かして「鎌倉ハーブセゾン」ビールを2024年7月に発売した。
右／石畳のアウトデッキは現在、テラス席に。2024年8月、建物は正式に国登録有形文化財になった。

CHIGASAKI

CHIGASAKI MOANA NURSERY SCHOOL

社員が働きやすいように開業。
自然のなかで友だちと遊んで、
楽しく学んで、大切な思い出に

入り口のドアは、元は酒の仕込みに使われたふた。中庭のテーブルだったものを再利用した。

NURSERY SCHOOL
ちがさき・もあな保育園

子どもたちの遊べる環境を保証し、自主性を最大限に尊重し、成長につながる機会を与えることで「生きる力」を身につけられる保育園をめざしている。

CHIGASAKI MOANA NURSERY SCHOOL

　2018年11月に開業した「ちがさき・もあな保育園」は、「NPO法人もあなキッズ自然楽校」理事長の関山隆一さんと「森のようちえん」のスタイルで運営する企業主導型の保育園。森のようちえんはデンマークが発祥で、自然豊かな場所で自然体験を基軸とした保育教育のこと。
「patagonia本社にある保育園を訪れたときに感銘を受け、いつか会社として保育園を持てたらと考えていました。酒造の裏山にある茅ヶ崎の豊かな自然のなかで、子どもたちがのびのび成長してくれたらいいなと思っています」（熊澤）

卒園式には保護者も保育士も楽器を演奏できる人は、各自、自前の楽器を持ち寄る。飾りつけは何日も前からつくってきたもので、早朝から準備する。

CHIGASAKI

CHIGASAKI MOANA NURSERY SCHOOL

左／卒園児（2022年は1人）に手渡しする花を手に待つ、園児たちと保育士。あたたかく見つめる関山さん。　上／ひとりひとり声をかけながら、渡していく。　右／式を行う場の背景には、園児たちとみんなで手作りした大きな布をかけて。近くにはご両親とお姉さん。

卒園式の場所は、酒蔵の裏山にある「湘南ローンテニスクラブ」の横の森で、そこはいつもの遊び場。園児のミントグリーンの帽子がかわいい。

ちがさき・もあな保育園　　188

開式のあいさつ、園長、来賓のあいさつと続き、卒園証書を渡したあと、仲のいい保育士からの手紙が読まれた。思わず、涙する園児。 **右**／娘を見守るご両親。

卒園児保護者からの言葉、在園児からの贈り物のあとは、それぞれ自前の楽器を奏でながら、園児の大好きな「にじ」をみんなで合唱。

ちがさき・もあな保育園

190

CHIGASAKI MOANA NURSERY SCHOOL

PROJECT
mokichi green market

中庭の一角に、日替わりで新鮮な野菜が並ぶ。おいしい調理法を教えてくれたり、野菜の知識を深めたり、ここは野菜を通した地域交流の大事な場所。

朝採れたての地場野菜を求め、中庭の一角がなごやかに賑わう

モキチグリーンマーケットは、火曜日を除くほぼ毎日、11時から15時頃まで、中庭に面した一角で開催している。そこに並ぶのは、主に茅ヶ崎有機農業研究会「Biocchi(ビオッチ)」のメンバーが育てた、有機地場野菜の数々。朝採れたばかりの旬の野菜は、元気で味が濃く、一度食べたらまた食べたくなる。今では、販売開始前からお目当ての野菜に人が集まるほどの人気に。

〈月曜日〉
イマハ菜園
今林久則さん・錦部優実さん

〈水曜日〉
のうえんこえる
城月直樹さん

〈木曜日〉
0467FARM
山中裕子さん

〈金曜日〉
ビオファームレヴェルデ
佐藤やよいさん

〈土曜日〉
大磯野菜工房
請川和博さん

〈日曜日〉
Chigasaki Organic Farm
二宮隆治さん・咲子さん

曜日ごとに出店する農家のかたが替わり、季節の地場野菜から西洋野菜、ハーブやハーブティー、エディブルフラワーまでいろいろな食材に出会える。ウェブサイトを調べて、出かけてみて。

MOKICHI FOODS GARDEN

〈日曜日〉
茅ヶ崎どっこいファーム
吉野正人さん

茅ケ崎駅前の「モキチフーズガーデン」でも開催。水曜日は山中さんと佐藤さんが隔週で、木曜日は請川さんも出店。

PROJECT
暮らしの教室

偶然出会った気の合う仲間たちと始めた、サークル活動。参加者も開催者も、予想を超えた気づきや発見のある学びの教室。

特別教室 115
佐々木 薫さん
（AEAJ認定アロマテラピー・プロフェッショナル）
「植物と私たちの暮らし 〜香りと暮らす well earth〜」

特別教室 72
加藤文子さん
（盆栽家）
「毎日、庭で答えをみつけている」

特別教室 89
宮治淳一さん
（音楽ライター、DJ）
「宮治淳一の茅ヶ崎名盤アワー」

特別教室 100
江口宏志さん
（蒸留家）
「薬草園蒸留所MITOSAYAの話」

個人的に会いたい人を呼び、話を聴いて交流する大切な場

　原大祐さん（NPO法人西湘をあそぶ会）、熊澤弘之さん（リベンデル）、山居是文さん（旧三福不動産）、熊澤茂吉の4人が出会い、2012年4月に「暮らしの教室」がスタートする。
　「自分の価値観を共有できる人と交流する場所が少ないよね。学んだり、交流したりする場所。地域や会社の代わりになるようなハブをつくろう、というのが始まりです」（熊澤）
　暮らしの教室と名をつけ、自分なりの幸せの基準をつくれるような場所になればと思い、サブタイトルは"幸せのものさし"になった。
　以来、月1回、輪番制で担当する人が、話を聞いてみたいかたに声をかけ、それぞれの拠点で開催して、もうすぐ140回になる。刺激と発見、新たな広がりの宝庫となっている。

10月1日号の場合、6月から月2回ほど集まり、作業を重ねる。(左から)湯川さん、由布子夫人、熊澤。

PROJECT
熊澤通信

デザインから撮影、イラスト、手書き文字、連載、編集まで、okeba gallery & shopのスタッフが中心となってつくられる、全28ページの手作りマガジン。どこよりも早く正確に、熊澤酒造の最新情報が得られる。

4月と10月、年2回刊行。
熊澤酒造発のフリーマガジン

「熊澤通信」を発刊したのは、2020年10月1日、日本酒の日。それ以来、年2回、4月1日と10月1日に発行を続けて4年がたつ。
「酒米プロジェクト(p.38)という長期的な取り組みを始めるにあたり、ネットではなく紙媒体で記録し、伝えたいと思いました」(熊澤)。

そのため毎号、現在進行形の酒米プロジェクト情報をくわしく紹介するほか、タイムリーな特集や日本酒・ビールの話、古道具のある暮らし、最新トピックスなどで構成されている。
社長の熊澤の構想のもと、湯川紀子さんが編集長兼デザイナーの役割を担い、夫人の由布子がライター、渡邊ゆみさんが撮影を担当する。
「時を重ね、多くの人が関わり未来へつながっていく今を伝えられたらうれしいです」(湯川)

vol.01 　「今ここにある原風景」から始まり、「酒米プロジェクト始動！」へと続く。

vol.02 　「酒米プロジェクト」続報、「古道具のある暮らし」では鯉のぼりを説明。

vol.03 　湘南ビール25周年特集号。「防空壕ものがたり」「モキチヴルスト特集」も。

vol.04 　発酵特集号。「発酵スイーツ」「フーダー醗酵槽室」「熟成粕商品」など。

vol.05 　熊澤酒造150周年特集。創業からの歩みを写真・イラストと文章で解説。

vol.06 　モキチ鎌倉特集号。2022年開業までの建物の変遷、料理と魅力など初公開。

vol.07 　「熊澤酒造の楽しみ方」では復活したオクフェスや蔵フェス、くまざわ市を。

vol.08 　巻頭は「モキチグリーンマーケット特集」、「熟成粕のお話」では商品を紹介。

熊澤酒造の歩み

→ HISTORY / KUMAZAWA SHUZO

1872（明治5）	熊澤酒造で酒造りが始まる〈創業〉。
1873（明治6）	代表銘柄「放光（ほうこう）」を発売する。
1895（明治28）	3代目・熊澤茂吉が弱冠16歳で継承する。
1923（大正12）	関東大震災で日本酒が全量流出してしまう。
1930（昭和5）	4代目・茂吉（現蔵元の祖父）が25歳で継承。代表銘柄「放光」を「曙光（しょこう）」に名称変更する。
1939（昭和14）	第二次世界大戦で、酒蔵の統廃合がすすむ。
1951（昭和26）	4代目・茂吉が熊澤酒造株式会社を設立する。
1960（昭和35）	醸造に特化して量産が可能に。
1984（昭和59）	5代目・圓蔵が継承する。大量生産全盛期。「湘南ほまれ」が主力商品に。
1993（平成5）	6代目・茂吉（現蔵元）が米国から帰国、入社。社是「よっぱらいは日本を豊かにする。」制定。
1995（平成7）	良質で地域の誇りとなる酒造りを決意。特定名称酒に特化し、若手社員体制へ。夏期のビールづくりを構想し、理想の味と職人を求めてドイツへ。
1996（平成8）	「湘南ビール」の製造を開始〈神奈川県第1号〉。大正時代の土蔵を改装し、レストラン「湘南麦酒蔵」を開店する。中庭にメタセコイアの木を植える。
1998（平成10）	ワールドビアカップで「シュバルツ」銀賞、「ヴァイツェンボック」銅賞受賞。
1999（平成11）	ビールの祭典「オクトーバーフェスト」が始まる。
2000（平成12）	「パン・ア・ラ・ビエール」（現モキチベーカリー＆スイーツ）開店。

2001 （平成13）	代表銘柄「天青」を発売。	**2015** （平成27）	築200年の古民家を移築再生、 「mokichi baker & sweets」 「mokichi cafe」開店。
2002 （平成14）	「蔵元料理 天青」開店。	**2016** （平成28）	「モキチグリーンマーケット」開始。
2004 （平成16）	「湘南麦酒蔵」を 「モキチトラットリア」にリニューアル。	**2017** （平成29）	「蔵人チャレンジ」が始まり、 「河童の貴醸酒」を発売（2018年）
2005 （平成17）	茅ケ崎駅北口に 「MOKICHI FOODS GARDEN」 「パン屋2号店」開店。	**2018** （平成30）	敷地の裏山に 「ちがさき・もあな保育園」開業。
		2019 （令和元）	クラフトジン、ウィスキーの 試験蒸留開始。
2008 （平成20）	ワールドビアカップで 「シュバルツ」金賞受賞。	**2020** （令和2）	農業部門設立。 自社農園による酒米、 ホップの栽培開始。 「熊澤通信」（年2回）発刊。 「蔵元直売所 地下室」開業。
2009 （平成21）	「モキチヴルスト」で ソーセージの製造開始。		
2010 （平成22）	「蔵元料理 天青」に離れの 「麹室」が誕生。	**2021** （令和3）	クラフトジン「白天狗」を発売。 ウィスキー熟成倉庫が完成。
2011 （平成23）	敷地内に 「okeba gallery & shop」開店。 藤沢駅南口に 「MOKICHI CRAFTBEER」開店。	**2022** （令和4）	創業150周年を迎える。 2年ぶりに、オクトーバーフェストが 復活。鎌倉・長谷に 「MOKICHI KAMAKURA」開店。
2012 （平成24）	「暮らしの教室」を開校。	**2023** （令和5）	ウィスキー「赤天狗」をサンプル発売 〈神奈川県第1号〉（2024年正式発売）。 酒粕熟成工房・防空壕貯蔵庫が完成。
2014 （平成26）	築400年の古民家を移築再生、 「MOKICHI TRATTORIA」を リニューアル。	**2024** （令和6）	精米工場が50年ぶりに復活。

全国の「天青」特約店

→ SPECIAL AGENT LIST / TENSEI

代表銘柄「天青」を
限定流通品とし、
とり扱ってくれる特約店を
時間をかけて
1軒1軒ふやしていった。

〈北海道〉

土井商店
北海道旭川市緑が丘東3条1-12-4
tel : 0166-60-6066

〈宮城県〉

カネタケ青木商店
宮城県仙台市太白区鹿野1-7-16
tel : 022-247-4626

〈茨城県〉

飯野屋
茨城県龍ヶ崎市砂町5141
tel : 0297-62-0867

酒蔵 やまなか
茨城県神栖市賀2033-3
tel : 0299-92-0125

〈栃木県〉

目加田酒店
栃木県宇都宮市　番町2 3
tel : 028-636-4433

〈埼玉県〉

たつみ清酒堂
埼玉県さいたま市北区植竹町1-20-2
tel : 048-783-3175

〈千葉県〉

いまでや
千葉県千葉市
中央区仁戸名町714-4
tel : 0570-015-111

酒の及川
千葉県市川市
南八幡5-21-11
tel : 047-376-3680

矢島酒店
千葉県船橋市藤原7-1-1
tel : 047-438-5203

〈東京都〉

鈴傳
東京都新宿区四谷1-10
tel : 03-3351-1777

酒のサンワ
東京都台東区北上野1-1-1
tel : 03-3844-6092

内藤商店
東京都品川区
西五反田5-3-9
tel : 03-3493-6565

和田音吉商店
東京都品川区南品川5-14-14
tel : 03-3474-3468

朝日屋酒店
東京都世田谷区赤堤1-14-13
tel : 03-3324-1155

高原商店
東京都杉並区
高円寺南3-16-22
tel : 03-3311-8863

山内屋
東京都荒川区西日暮里3-2-3
tel : 03-3821-4940

酒の秋山
東京都練馬区豊玉上1-13-5
tel : 03-3992-9121

かき沼
東京都足立区江北5-12-12
tel : 03-3899-3520

ノガミ酒店
東京都青梅市新町1-17-17
tel : 0428-31-0226

栄屋長谷商店
東京都府中市天神町1-25-17
tel : 042-360-9009

酒舗まさるや
東京都町田市鶴川6-7-2-102
tel : 042-735-5141

籠屋 秋元商店
東京都狛江市駒井町3-34-3
tel : 03-3480-8931

銘酒専科 宿萬酒店
東京都武蔵村山市
伊奈平5-41-1
tel : 042-560-3706

地酒の小山商店
東京都多摩市関戸5-15-17
tel : 0423-75-7026

〈神奈川県〉

三河屋かみや
神奈川県横浜市
西区中央2丁目12-2
tel : 045-321-6212

愛知屋坪崎商店
神奈川県横浜市中区元町5-196
tel : 045-641-0957

横浜君嶋屋
神奈川県横浜市南区南吉田町3-30
tel : 045-251-6880

お酒のアトリエ吉祥
神奈川県横浜市港北区
新吉田東5-47-16
tel：045-541-4537

リカーショップ松本屋
神奈川県横浜市戸塚区戸塚町16-1
tel：045-881-0128

たけくま酒店
神奈川県川崎市幸区紺屋町92
tel：044-522-0022

菅野商店
神奈川県鎌倉市大船1-16-6
tel：0467-46-2468

山田屋本店
神奈川県鎌倉市雪ノ下3-8-29
tel：0467-22-0338

北村商店
神奈川県藤沢市藤沢555
tel：0466-22-2756

つちや商店
神奈川県茅ヶ崎市東海岸北1-1-2
tel：0467-82-2066

望月商店
神奈川県厚木市旭町3-17-27
tel：046-228-2567

佐藤商店
神奈川県足柄下郡箱根町宮城野911-4
tel：0460-82-3822

灘屋
神奈川県足柄下郡
湯河原町宮上475-7
tel：0465-63-2011

〈新潟県〉

カネセ商店
新潟県長岡市与坂町与坂乙1431-1
tel：0258-72-2062

〈岐阜県〉

吉田屋多治見
岐阜県多治見市上野町3-113
tel：0572-21-1059

〈静岡県〉

酒舗よこぜき
静岡県富士宮市朝日町1-19
tel：0544-27-5102

今井商店
静岡県伊東市猪戸1-4-17
tel：0557-37-2915

〈愛知県〉

吉田屋
愛知県名古屋市東区東外堀町17
tel：052-951-1058

サケハウス
愛知県あま市
七宝町下田西長代1335番地1
tel：052-441-0091

〈大阪府〉

山中酒の店
大阪府大阪市
浪速区敷津西1-10-19
tel：06-6631-3959

掬正
大阪府大阪狭山市金剛1-7-8
tel：072-366-6660

〈兵庫県〉

酒仙堂フジモリ
兵庫県神戸市
東灘区本山中町4-13-26
tel：078-411-1987

〈岡山県〉

ワインショップ 武田
岡山県岡山市南区新保1130-1
tel：086-801-7650

〈広島県〉

酒商山田
広島県広島市南区宇品海岸2-10-7
tel：082-251-1013

酒のゆたか屋
広島県福山市大門町2-17-12
tel：084-941-1147

〈福岡県〉

ひらしま酒店
福岡県北九州市
八幡東区羽衣町22-10
tel：093-651-4082

酒のひさや
福岡県糟屋郡志免町別府1-21-6
tel：092-935-4988

〈鹿児島県〉

酒屋まえかわ
鹿児島県奄美市港町6-10
tel：0997-52-4672

〈沖縄県〉

わか松
沖縄県那覇市牧志2-13-7
ルミナスコート牧志1F
tel：098-869-0070

熊澤酒造株式会社

1872（明治5）年、創業。神奈川県茅ヶ崎市香川にある、湘南に残された最後の蔵元。1993年、廃業寸前の家業を引き継いだのが、大学卒業後にアメリカを放浪していた熊澤家の長男、6代目になる熊澤茂吉。1996年に地ビール「湘南ビール」、2001年に代表銘柄「天青」を発売。レストラン事業は1996年「湘南麦酒蔵」に始まり、「mokichi baker & sweets」「蔵元料理 天青」、2005年に茅ケ崎駅北口に「MOKICHI FOODS GARDEN」、2011年に藤沢駅南口に「MOKICHI CRAFTBEER」を開店。敷地内に「okeba gallery & shop」「MOKICHI TRATTORIA」を開業。2022年には鎌倉・長谷に「MOKICHI KAMAKURA」を開店する。近年は日本酒、ビールのほか、クラフトジンやウィスキーづくり、酒米やホップの自社栽培にも力を入れている。

湘南の楽園、熊澤酒造 四季折々の愉しみ

2024年10月31日　第1刷発行

著　者　熊澤酒造株式会社
発行者　大宮敏靖
発行所　株式会社主婦の友社
　　　　〒141-0021
　　　　東京都品川区上大崎3-1-1目黒セントラルスクエア
　　　　電話：03-5280-7537（内容・不良品等のお問い合わせ）
　　　　　　　049-259-1236（販売）
印刷所　大日本印刷株式会社

© kumazawa brewing company 2024　Printed in Japan
ISBN978-4-07-460109-7

Ⓡ〈日本複製権センター委託出版物〉
本書を無断で複写複製（電子化も含む）することは、著作権法上の例外を除き、禁じられています。本書をコピーされる場合は、事前に公益社団法人日本複製権センター（JRRC）の許諾を受けてください。また本書を代行業者等の第三者に依頼してスキャンやデジタル化することは、たとえ個人や家庭内での利用であっても一切認められておりません。
JRRC〈https://jrrc.or.jp　eメール：jrrc_info@jrrc.or.jp　電話：03-6809-1281〉

●本のご注文は、お近くの書店かまたは
主婦の友社コールセンター（電話：0120-916-892）まで。
・お問い合わせ受付時間　月〜金（祝日を除く）10：00〜16：00
・個人のお客さまからのよくある質問のご案内　https://shufunotomo.co.jp/faq/

デザイン
漆原悠一、栗田茉奈（tento）

撮影
安川結子（下記以外すべて）
佐山裕子
（p.52〜54、76〜78、152〜155、166〜170、194〜195）
渡邊ゆみ（p.99、192〜193）
那須野ゆたか（p.193）
スージー・キム（p.193）

イラスト
高橋絢子（ノスリ舎）
（p.26）

取材・文
増田綾子

編集
東明高史

編集デスク
嘉本冨士夫（主婦の友社）